# 釉上生花
## ——特殊效果的釉料

[英] 琳达·布鲁姆菲尔德 著

王 霞 译

上海科学技术出版社

图书在版编目（CIP）数据

釉上生花 : 特殊效果的釉料 / （英）琳达·布鲁姆菲尔德（Linda Bloomfield）著；王霞译. -- 上海：上海科学技术出版社，2025.7. -- （灵感工匠系列）.
ISBN 978-7-5478-7224-6

Ⅰ. TQ174.6
中国国家版本馆CIP数据核字第20258GV143号

© Linda Bloomfield, 2020
This translation of Special Effect Glazes, First Edition is published by Shanghai Scientific & Technical Publishers by arrangement with Bloomsbury Publishing Plc.

上海市版权局著作权合同登记号　图字：09-2024-0725号

With photographs by Henry Bloomfield

封面和封底：
布莱恩·罗什福尔（Brian Rochefort）
《裂纹器皿》，2018年
炻器、釉料、玻璃碎屑，尺寸：43 cm×40 cm×48 cm，由艺术家本人及纽约范·多伦·瓦科斯塔（Van Doren Waxter）画廊提供
摄影师：马腾·埃尔德（Marlen Elder）
（另外一件作品）泰莎·伊斯曼（Tessa Eastman）
《薄荷、棒棒糖和婴儿云朵》，2017年
高：15 cm，私人收藏
摄影师：西尔万·德鲁（Sylvain Deleu）

卷首作品：
布莱恩·罗什福尔（Brian Rochefort）
《裂纹器皿》，2018年
炻器、釉料、玻璃碎屑，尺寸：43 cm×40 cm×48 cm，由艺术家本人及纽约范·多伦·瓦科斯塔（Van Doren Waxter）画廊提供
摄影师：马腾·埃尔德（Marten Elder）

釉上生花——特殊效果的釉料

[英] 琳达·布鲁姆菲尔德　著
王　霞　译

上海世纪出版（集团）有限公司
上海科学技术出版社　出版、发行
（上海市闵行区号景路159弄A座9F-10F）
邮政编码201101　www.sstp.cn
江阴金马印刷有限公司印刷
开本 889×1194　1/16　印张 10
字数 270千字
2023年7月第1版　2025年7月第1次印刷
ISBN 978-7-5478-7224-6/J·85
定价：128.00元

---

本书如有缺页、错装或坏损等严重质量问题，请向印刷厂联系调换

# 译者序

釉料是一种神奇的存在。从最基础的方面来讲，釉料能优化陶瓷的性能，令坯体的硬度和抗冲击性显著提升。光洁的釉面能让餐具、卫生洁具等实用性器物更便于清洁，让工业陶瓷制品拥有更高的抗热震性和介电强度。进而说来，釉料能赋予陶瓷保护功能，它在物理层面助力坯体抵御外力挤压、粉尘污染和液体侵蚀，某些釉料配方中的特殊成分还能在化学层面令坯体拥有抵抗酸碱腐蚀、紫外线和氧化的能力。除此以外，釉料还能赋予陶瓷装饰功能，令各类坯料在色泽、质感和肌理方面展现出变幻无穷的魅力。

现代陶艺创作有诸多切入角度。艺术家们将新材料、新工艺、高科技应用在成型、装饰、烧成、展陈领域。有些先锋艺术家将目光落在坯料、釉料等原材料方面，不断试验、积极探索，力图另辟蹊径，从中找到一条全新的发展道路。

《釉上生花——特殊效果的釉料》除了介绍釉料配方、配釉的关键原理之外，还详述了十大类极具代表性的具有特殊效果的釉料。其中，本书特地将被传统陶瓷工艺领域视为釉料烧成缺陷的种种特质作为趣味十足的现代陶艺特殊装饰效果详加阐述，旨在鼓励全球陶艺从业者尝试研发并配制只属于陶艺家自己的个性化釉色，十分具有创造性。衷心希望各位同仁在阅读中收获快乐，在学习中取得进步！

王霞

2025 年 5 月

特殊效果釉料作品
琳达·布鲁姆菲尔德（Linda Bloomfield）
摄影师：亨利·布鲁姆菲尔德（Henry Bloomfield）

# 前言

本书的内容除了对釉料配方的介绍之外，还包括配制特殊效果釉料的关键原理。虽然这些釉料和常规釉料相比没有太大区别，但后者通常以无瑕疵、光泽度好为标准，而特殊效果釉料的追求则超越了此限制。很多特殊效果实际上源于常规釉料避之不及的所谓缺陷：龟裂、开片、针眼、起泡等。凡此种种反倒是裂纹釉、开片釉和火山釉极力追求的理想外观。一旦掌握了创造上述外观效果的技术，你就可以尝试研发并配制只属于自己的独特釉料。

工业化生产的餐具所使用的釉料通常具有极好的透明度和光泽度，性能十分卓越，没有裂纹或者开片等烧成缺陷。但是很多陶艺家喜欢将釉料的烧成缺陷作为趣味十足的特殊效果。

自己动手配制釉料听起来令人望而生畏，但其实际操作并不比制作蛋糕更困难。陶艺家通常会在书籍或者网络上寻找釉料配方。釉料的原料为经过仔细研磨的粉末状材料：石英、碳酸钙、长石和黏土等。制作釉料时，先把各种粉末状原料仔细称重，倒入装了一半水的容器中，静待原料被水充分浸润，再用80目的陶艺过滤网将溶液仔细地过滤一遍。当釉液过于黏稠时，则向釉液中加水；当釉液过于稀薄时，先将其静置过夜，待次日彻底沉淀后，倒出顶部多余的水分。借助上述方法将釉液的浓稠程度调配到介于牛奶与稀奶油之间时，就可以使用了。

和烹饪差不多，配制基础釉不需要掌握太多专业知识。有一点特别重要，那就是在正式配制之前，先借助精密的天平将釉料的成分仔细地称重，之后再进行试烧。建议把各种釉料配方记录下来，并为相应的试片编号。只有真正地理解釉料背后的科学原理，才能更好地控制陶瓷作品的烧成效果。

艾玛·威廉姆斯（Emma Williams）
黑色陶器印坯成型，钡基开片釉，高：8cm，图片由艺术家本人提供

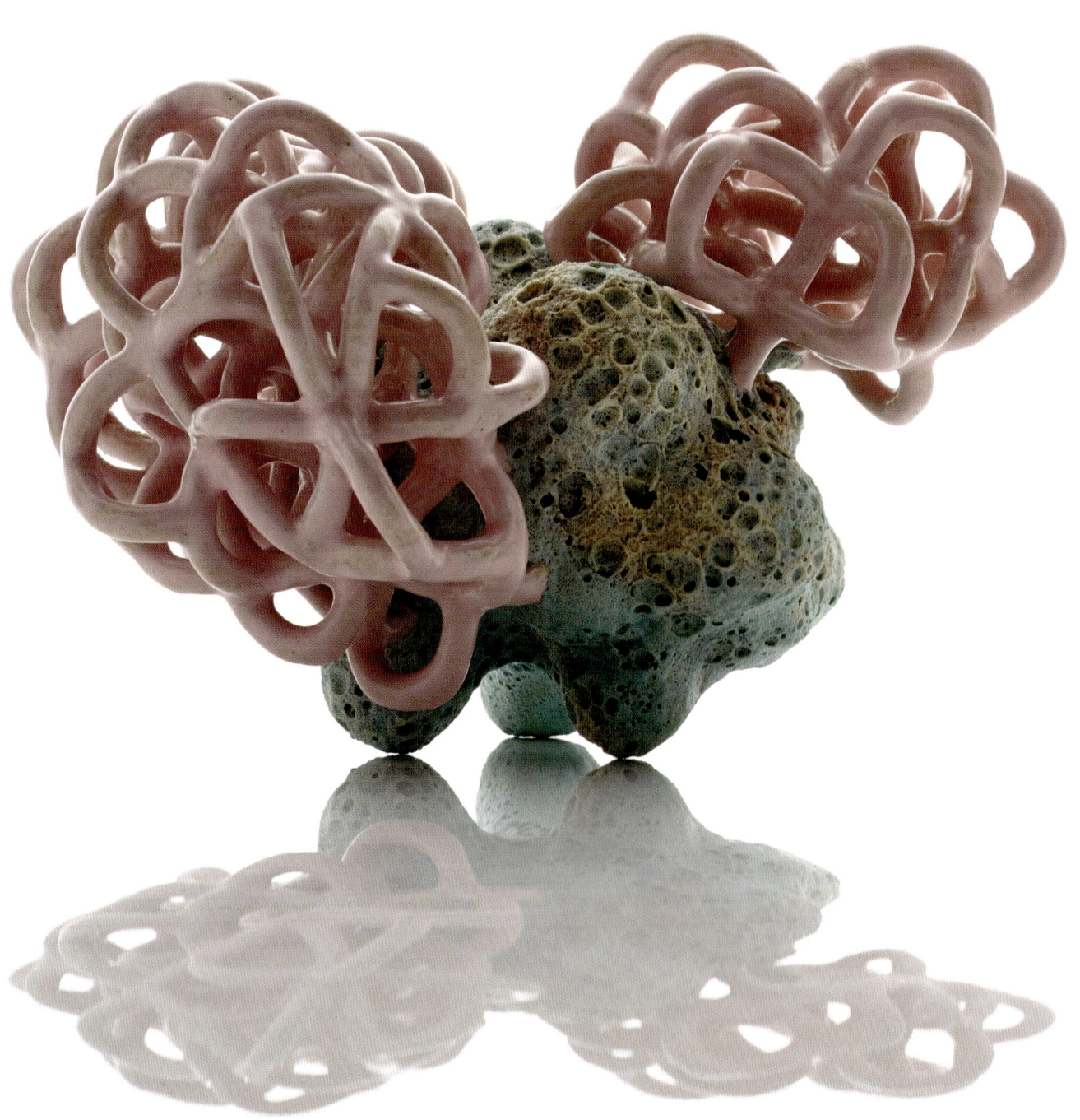

泰莎·伊斯曼（Tessa Eastman）
《薄荷、棒棒糖和婴儿云朵》，2017 年
高：15 cm，私人收藏
摄影师：西尔万·德鲁（Sylvain Deleu）

# 致谢

感谢赫伯特出版社（Herbert Press）的杰恩·帕森斯（Jayne Parsons）和艾莉森·斯泰斯（Alison Stace）。特别感谢亨利·布鲁姆菲尔德（Henry Bloomfield）为本书拍摄作品照片、绘制线图及校对文稿。感谢约瑟芬娜·伊萨扎（Josefina Isaza）针对火山釉所做的实验。感谢所有提供作品照片的陶艺家，尤其感谢泰莎·伊斯曼（Tessa Eastman）倡导陶艺界同仁尝试使用特殊效果的釉料。感谢陶瓷材料工作室的马特·卡茨（Matt Katz）针对锌基开片釉所做的刻苦钻研。

布莱恩·罗什福尔（Brian Rochefort）
《裂纹器皿》（细部），2018年
炻器、釉料、玻璃碎屑，尺寸：43 cm×40 cm×48 cm，由艺术家本人及纽约范·多伦·瓦科斯塔（Van Doren Waxter）画廊提供
摄影师：马腾·埃尔德（Marten Elder）

弗吉尼亚·斯科特（Virginia Scotchie）
《带旋钮的圆锥体》
炻器坯料、布满肌理的釉料，拉坯成型结合手工塑造，中温烧制，尺寸：30 cm×20 cm×20 cm

# 目录

译者序　3
前言　5
致谢　7

## 第一部分　釉料的原理及其应用

1　认识釉料　13
2　配釉的原料　17
3　为釉料着色　25
4　原料中的杂质和其他变量　35
5　釉料的稳定性和持久性　43
6　研发和测试釉料　51
7　调配釉液和施釉　59
8　烧成　65
9　釉料的烧成"缺陷"　69

## 第二部分　特殊效果釉料

10　特殊效果：化学反应　75
11　裂纹釉　81
12　灰釉　89
13　青釉和铜红釉　95
14　流动釉和钧釉　101
15　结晶釉　109
16　开片釉（亦称"地衣釉"）　117
17　火山釉（亦称"熔岩釉"）　125
18　油滴釉　135
19　金属釉　141
20　组合釉　145

结语　147
扩展阅读　148
附录
　　附录1　美国市面上出售的配釉原料：英国原料的替代品　149
　　附录2　奥顿测温锥的烧成温度　150
　　附录3　陶瓷原料清单　151
　　附录4　分子式中稳定釉料的极限范围　153
　　附录5　英国市面上出售的熔块、黏土和长石分析数据　156
　　附录6　美国市面上出售的熔块、黏土和长石分析数据　157

健康和安全　158

大卫·察巴尔（David Tsabar）
一只用炻器坯料制作的碗，碗壁上厚厚地施了一层名为"孔雀"的钧釉，这种釉料的配方含有碳酸铜和1 000目碳化硅粉末。电窑氧化气氛烧制，6号测温锥

# 第一部分
## 釉料的原理及其应用

迈克·哈姆林（Mike Hamlin）
《雨滴花瓶》，2017 年
拉坯成型的红色陶器，缎面哑光釉和火山釉，电窑烧至 1 184℃后慢速降温，
尺寸：10 cm × 11.5 cm × 10 cm

# 1 认识釉料

右图是斯塔尔（R. T. Stull）特殊效果线图，该图取材样本为瓷器釉料，所展示的是釉料中氧化铝和二氧化硅的含量范围。烧成温度为 11 号测温锥的熔点温度，助熔剂的含量保持 0.3 份氧化钾和 0.7 份氧化钙不变。当氧化铝和二氧化硅的分子比为 1 : 5 时，可以生成半哑光效果的釉面，当二者的分子比为 1 : 8 时，可以生成富有光泽的釉面。图中的直线分别展示了氧化铝与二氧化硅的分子比为 1 : 4（哑光）、1 : 5（半哑光）和 1 : 12（光泽度极佳）时所能生成的釉面效果。虚线展示了氧化铝与二氧化硅的分子比为 1 : 8 时，所能生成的釉面光泽度。阴影区域展示了具有裂纹特征的釉面效果。淡粉色区域展示了伊曼纽尔·库珀（Emmanuel Cooper）和德里克·罗伊尔（Derek Royle）的实验数据，即对应烧成温度为 5 号至 8 号测温锥熔点温度的釉料而言，能令釉面保持稳定性的釉面效果范围。当烧成温度较低时，釉面的效果可能偏向线图中的左侧区域；当烧成温度较高时，釉面的效果可能偏向图中的右侧区域。数据摘录于斯塔尔（R. T. Stull）在 1912 年所记录的测试结果，线图由亨利·布鲁姆菲尔德（Henry Bloomfield）绘制。

有关釉料配方的书籍非常实用，但由于在配制釉料过程中有许多不确定因素，所以完全按照书籍配制的釉料或许无法达到预期中的烧成效果。你需要理解釉料配制的基本原理之后才能"纠正"配制过程中的"错误"，进而实现心中所愿。影响釉料烧成效果的变量包括坯料的颜色和质地、釉料的成分、釉料的比重、施釉层的厚度、窑炉的类型及其体量、烧成温度、烧成时间和窑炉内部的烧成气氛。上述所有因素都会影响釉料最终的外观。

本书内容主要包括两部分：第一部分是釉料原理，包括对釉料的理解及应用；第二部分是特殊效果釉料，包括釉料的配方和创造出这些特殊的烧成效果的方法。

常规的日用陶瓷釉料通常以光泽度和透明度为评价标准，二者越高越好。而可以生成特殊效果的釉料的评价标准则往往超越了此番界限。如图所示，横轴代表釉料配方中的二氧化硅分子数，纵轴代表釉料配方中的氧化铝分子数，这两种物质都存在于黏土中，将它们添加到釉料配方中可以提升釉液的黏稠度。淡粉色区域展示了配制光泽釉所需的二氧化硅和氧化铝的相对添加量（当烧成温度介于

1 200℃至1 260℃时,为促使二氧化硅和氧化铝充分熔融所需添加的适量助熔剂)。对于釉料而言,二氧化硅是重要的玻化剂,而氧化铝则能有效提升釉料的黏稠度,防止釉料在高温烧成的过程中熔融流淌。二氧化硅和氧化铝的添加比例需要达到平衡:过量添加氧化铝会导致釉面失去光泽,而过量添加二氧化硅则会导致釉料无法熔融。很多使用特殊效果釉料的作品与使用常规釉料的作品的外观大相径庭,例如开片釉,既能像干涸的河床一样龟裂,也能像珠子一样散布。火山釉位于半哑光区域内部或者附近,它得具有足够的黏稠度才能将釉料配方中由碳化硅生成的二氧化碳气泡封存起来。志野釉通常呈开片状,原因是配方中的黏土含量很高,极易在干燥的过程中收缩并形成裂缝。其他几种可以生成特殊效果的釉料位于光泽釉区域内,例如油滴釉和流涡性较强的钧釉。这些釉料配方中的二氧化硅含量相对较高,在烧窑过程中生成的气泡很容易从釉面排出,并且釉面会愈合。当釉料配方中的助熔剂含量比二氧化硅和氧化铝含量高时,釉料会变得极易流淌,并在降温的过程中生成晶体,例如结晶釉。二氧化硅含量较低的釉料通常会呈现裂纹效果,原因是其膨胀率高于坯料的膨胀率,这会导致釉面在降温的过程中生成细纹。

很多可以生成特殊效果的釉料只适用于装饰陈设型陶瓷作品或者雕塑型陶瓷作品,但油滴釉和流动性较强的釉料也可以用来装饰日用陶瓷。开片釉和火山釉可用于装饰花瓶及碗的外壁。

**上图**:保罗·韦尔林(Paul Wearing)
《圆柱体》,2018年
炻器坯料手工成型,借助毛笔将化妆土和釉料刷在坯体上,釉料的配方内含有碳酸镁、碳酸钡、五氧化二钒和碳化硅,尺寸:10 cm×15 cm

**右图**:卡特丽娜·佩查(Katrina Pechal)
《带凹痕的花瓶》
拉坯成型的炻器,素烧化妆土,火山釉,高:15 cm

1 认识釉料

# 2 配釉的原料

二氧化硅是重要的配釉原料，可从经过仔细研磨的燧石或者石英中获得。纯二氧化硅是釉料的玻化剂。二氧化硅的熔点太高，在常规烧成温度下无法熔融，需要添加助熔剂才能降低其熔点。长石是炻器釉料重要的助熔剂，其内部含有氧化钠和氧化钾。二者都是碱性金属氧化物，它们能与酸性的二氧化硅发生反应，进而帮助其熔融。然而，钠和二氧化硅反应后生成的硅酸钠，只能制作出可溶于水且极易被洗掉的釉料。如果希望可以制作出不溶于水的釉料，则需要添加第二种助熔剂。这种助熔剂通常为碳酸钙，它存在于白垩和石灰石中。其他辅助型助熔剂的金属元素包括镁、钡、锶和锌。向原料中加入它们能有效提升釉料的强度，使釉料具有更高的稳定性。但往配方内添加多种助熔剂会提升釉料的流动性，因此还需要添加黏土以提升其黏稠度。黏土内含有氧化铝和二氧化硅。瓷土、球土和膨润土都可以用于配制釉料，其形态为经过仔细研磨的粉末。由于釉液中的矿物质较重而极易沉淀，可以将上述黏土类物质作为釉料悬浮剂使用。

对页图：产自英格兰东南部的白垩岩（顶部较大块）和产自阿尔卑斯山的石灰岩（下方较小块）

右图：从岩脉中开采的石英

| 二氧化硅（燧石、石英等） | 玻化剂 | |
|---|---|---|
| 助熔剂（长石、碳酸钙等） | 助熔物质 | 必备配釉原料 |
| 氧化铝（黏土） | 硬化剂 | |

炻器釉料成分与份额：透明光泽釉（1 280℃），钾长石 27，碳酸钙 21，石英 32，瓷土 20

基础釉配方；透明光泽釉

陶器釉成分与份额：透明光泽釉（1 100℃），硼酸钙熔块 39，钠长石 27，碳酸钙 5，石英 23，瓷土 6

上述陶器釉料中有一些熔块。这是一种人造长石，其内部含有氧化钠、氧化钙、氧化硼和氧化硅等助熔剂。制作熔块的原因是，某些配釉原料（例如硼砂）具有可溶性，它会在釉桶中生成晶体，而这些晶体无法溶于釉液中。熔块会将可溶性物质和二氧化硅结合在一起，防止它们溶于水。釉料配方中加入的熔块越多，烧成温度就越低。这是因为熔块内含有钠和硼等强力助熔剂，而硼又是一种低温玻化剂。中温釉料配方内的熔块添加量介于 10% 至 30%，而陶器釉料和乐烧釉配方内的熔块添加量可高达 90%。

2　配釉的原料

雅基·拉姆拉伊卡（Jacqui Ramrayka）
《海景器皿》
拉坯成型的瓷器，底釉为含有白云石的哑光火山釉，面釉为亮光灰色釉，烧成温度为1 260 ℃
摄影师：迪·哈尼巴恩（Dee Honeybun）

## 釉料的特性

　　将各种配釉原料混合成共熔混合物，可以配制出富有光泽的釉料。按照一定的比例混合各种配釉原料，可以令混合物的熔点降至最低。因为这种混合方式最有可能让所有原料充分熔融，所以按照这种方式混合就能配制出光泽度较高的釉料。对于二氧化硅和氧化铝而言，当二者的添加比例为9∶1时共熔效果最佳。该混合物的熔点低于二者单独使用时的熔点。氧化铝和二氧化硅都存在于黏土中（1个黏土单元由1个氧化铝分子、2个二氧化硅分子和2个水分子组合而成）。氧化铝也存在于长石中（往往1个长石单元由1个氧化铝分子、6个二氧化硅分子和1个钠分子或者钾分子构成）。当釉料配方内的氧化铝和二氧化硅比例为1∶9时（添加足量的助熔剂以便令二者熔融），该釉料可以呈现出良好的光泽度和透明度。将氧化铝和二氧化硅的比例降至1∶5时，可以配制出哑光釉料。

## 改变釉料

可以通过添加熔块的方式来降低釉料的熔点。很多熔块内含有助熔剂和硼。硼是一种玻化剂，其熔点低于二氧化硅。

可以通过减少配方中的黏土添加量来提升釉面的光泽度。这种做法能有效降低釉液的黏稠度，使其具有更高流动性。将氧化铝和二氧化硅的添加比例设置在1∶8左右，可以配制出富有光泽的釉料。

想要让釉面呈现出哑光效果，可以通过减少二氧化硅的添加量，或者增加黏土的添加量来实现，即让氧化铝和二氧化硅的比例达到1∶5。由上述方式生成的哑光效果被称为氧化铝哑光或者"真正的哑光"，原因是即便使用更高的烧成温度，釉面依然能保持哑光外观，这一点和由欠烧所生成的哑光完全不一样。

配制哑光釉的另外一种方法是往釉料内添加白云石，以此方式摄入更多的钙或者镁。由这种方法配制的釉料被称为石灰哑光釉或者镁基哑光釉。此类哑光釉的色调相对较柔和。

产自康沃尔郡的花岗岩，其内部含有钾长石（粉红色或者白色晶体）

想要配制色彩鲜艳的哑光釉，可以通过添加碳酸钡或者碳酸锶的方式实现。向釉料中添加氧化铜，就能生成明亮的绿松石色外观，向釉料中添加氧化铬，就能生成石灰绿色外观。大多数"碱性"釉料（即含有钠、锂、钡或者锶的釉料）极易生成明亮的颜色。

碱土哑光釉通常被称为助熔哑光釉，若提高其烧成温度，釉面也能变得富有光泽，除非往其中添加更多氧化铝至氧化铝和二氧化硅的比例达到1∶5。

此刻回看前文中的釉料配方，可以清楚地看出炻器釉料配方和陶器釉料具有明显的区别。陶器釉料配方中的黏土、石英和碳酸钙添加量相对较少。一方面，陶器釉料用钠长石替代了钾长石；另一方面，陶器釉料通过添加硼熔块的方式降低了釉料的烧成温度。将钠长石和钾长石进行对比可得，由前者配制的釉料更具流动性，但缺点是釉面的强度较差，很容易被硬物剐蹭。通常，烧成温度越高，釉料越坚硬，釉面越耐刮，坯体的强度也越高。

## 配釉的原料

### 长石

绝大多数炻器釉料都以长石为主要助熔剂。长石内含有氧化钠和氧化钾。长石以其内部包含的主要氧化物的金属元素命名：钾长石或者钠长石。康沃尔石是一种钾长石，二氧化硅含量特别高。霞石正长石是一种类长石矿物，钠含量特别高（霞石正长石单元内部除了1个氧化铝分子和1个氧化钠分子之外，只含有2个二氧化硅分子，而真正的长石中则含有6个二氧化硅分子）。有些长石，例如透锂长石和锂辉石，其内部含锂，这是一种非常活跃的助熔剂。碳酸锂中也含有超浓缩形式的锂。长石的成分会因其产地不同而有所区别。

### 二氧化硅

陶瓷生产或者陶艺创作中用的二氧化硅是从燧石或者石英中提取的。上述两种原料都适用于配制釉料。长石、黏土、滑石、硅灰石和熔块中也含有二氧化硅。石英和燧石的生产厂家会往原料中添加少量的水，以降低粉尘污染。接触干粉状原料时应佩戴口罩。

### 黏土

黏土常以干粉的形态被加入釉料中。瓷土、球土或者膨润土都适用于配制釉料。瓷土适用于配制瓷器釉料，例如对颜色的纯度要求较高的青瓷釉料；而球土适用于配制炻器釉料。膨润土是一种可塑性极强的黏土，适用于配制黏土含量特别低（2%至3%）的釉料。向釉料中加入黏土能让釉料配方中的其他成分悬浮在水中，防止其沉淀。除此之外，加入黏土还能有效提升生釉层的强度，防止器皿外壁上的釉层干燥成粉。需要注意的是，往釉料配方中添加过多黏土会导致釉层开片。

黏土和膨润土干粉

### 碳酸钙

碳酸钙是最常见的辅助助熔剂，白垩是其别称。硅灰石（硅酸钙）和白云石（碳酸钙镁）内亦含有钙。往釉料配方内添加过多的钙会导致釉面失去光泽。需要注意的是，钙基哑光釉的呈色通常显得有些苍白。

### 碳酸镁

镁存在于白云石和滑石中。白云石的学名为碳酸镁钙，由白云石配制的釉料通常呈缎面哑光效果。滑石的学名为硅酸镁，由滑石配制的釉料亦呈哑光状，它可以为釉料配方提供二氧化硅，能有效预防釉面收缩龟裂。往釉料配方中添加少量碳酸镁，可以配制出具有收缩和开片特征的特殊效果釉料。

### 碳酸钡和碳酸锶

往釉料配方中添加碳酸钡和碳酸锶，可以配制出色彩鲜艳的哑光釉和火山釉。呈色包括由氧化铜生成的绿松石色和由氧化铬生成的黄绿色。碳酸钡有毒，碳酸锶相对更安全一些。

2　配釉的原料

### 氧化锌
氧化锌是一种适用于配制结晶釉的助熔剂。它能促使釉面开片，可以让釉面收缩龟裂成如釉珠般的外观。

### 动物骨灰
动物骨灰的学名为磷酸钙，往釉料配方中添加少量的动物骨灰，可作为碳酸钙的代替品。磷在钧釉等釉料中的主要作用为令釉面透明和生成斑点。

### 草木灰
草木灰内含有钙、镁、磷和铁等。与水混合后的草木灰具有很强的腐蚀性，因此操作时工作人员必须佩戴橡胶手套。可以将草木灰作为碳酸钙的代替品，使用之前需要仔细地淘洗和过滤。

### 熔块
当原料具有可溶性并可能会引发釉料烧成缺陷时，可以往釉料配方内添加熔块，即中温或者低温助熔剂。制备熔块的原料包括氧化铅、碳酸钠和硼砂（硼酸钠）。先将上述材料和二氧化硅混合在一起并烧熔，再将冷却后的熔块研磨成粉末。由于熔块已经过烧制，所以它比未经过烧制的原料更易熔融。铅熔块具有毒性，现在已很少使用，其替代品硼熔块的使用范围越来越广泛。熔块可将釉料的烧成温度从1 300℃（10号测温锥）降至1 260℃至1 240℃（8号测温锥至6号测温锥）。

上图：琳达·布鲁姆菲尔德（Linda Bloomfield）瓷器坯料，饰以镁基哑光釉和由碳酸镁配制的开片釉

右图：硼熔块（内部含有钠、硼酸钙和二氧化硅）

# 3 为釉料着色

可以通过往釉料中添加商业陶瓷着色剂或者着色氧化物的方式为釉料着色。由于商业陶瓷着色剂和釉下彩颜料中已经混合了稳定剂和乳浊剂，并且已经过烧制，所以再次烧制时其颜色不会进一步发生改变。但着色氧化物可能会在烧窑的过程中改变颜色，原因是它们会溶解并与釉料中的其他原料发生反应，它们会令釉面呈现出一定的透明度，或者会令釉色变得更深。着色氧化物包括钴、铜、铬、铁、锰、镍、金红石和钒。可以将着色氧化物直接涂刷在经过素烧的坯体外表面上后罩一层透明釉，也可以将着色氧化物和釉料混合在一起使用，这样做可以使釉料的发色更加均匀。往基础釉配方中添加着色剂时，请注意，这些添加量的理论值。比如，假如氧化铜在釉料配方中占基础釉干粉的2%，这表示需要往100克基础釉干粉中添加2克氧化铜。釉料干粉一旦与水调和，就需要用80目至100目（过滤网上每平方英寸的面积内有100个网孔）的过滤网仔细地过滤数次。过滤后仍有色斑残留时，需要再用120目的过滤网仔细地过滤数次。很多着色氧化物具有毒性，因此在称量原料干粉时，工作人员必须佩戴口罩。烧窑时，工作人员也应尽量回避窑炉中产生的烟雾。

往基础釉的配方中添加助熔剂，会对釉料的发色产生影响。例如，往镁基釉料中添加氧化铜，会生成绿色；往钡基釉料中添加氧化铜则会生成绿松石色或者蓝色。窑炉内部的烧成气氛也会对釉料的发色产生影响：降低氧气的摄入量，即以还原气氛烧窑会令氧化铜生成牛血红色，会令氧化铁生成青瓷蓝绿色。由白云石配制的哑光釉发色通常较暗淡，而由钡配制的哑光釉发色通常较鲜艳，包括由铜生成的绿松石色、由铬生成的石灰绿色，以及由氧化镍生成的紫色。碳酸钡具有毒性，因此最好用无毒的碳酸锶作为替代品。用碳酸锶代替碳酸钡时，其使用量以大约75%的碳酸钡计划用量为宜，务必在正式实验前先进行试烧。往釉料内添加少量的碳酸锂，也能令氧化物的发色变亮。

一般来说，往釉料内少量添加氧化着色剂，着色剂会溶于釉液中，进而生成透明的彩色釉料。往釉料内添加大量氧化着色剂时，着色剂无法溶解，会导致改变釉料透明度。哑光釉的外表面通常由微小的晶体组成，这些晶体会被氧化物着色。可以通过往釉料配方内添加金红石或者二氧化钛的方式促进晶体生长，保持未熔状态的金红石或者二氧化钛可作为生成晶体的种子。

琳达·布鲁姆菲尔德（Linda Bloomfield）
《双色瓶》
拉坯成型的瓷器，芥末色和灰色哑光釉，高：23 cm，烧成温度为1250℃

釉上生花——特殊效果的釉料

## 钴

氧化钴一名源自德国的土地精灵，这种精灵曾被认为生活在出产有毒矿石的矿井中（钴的发音与"低矮的墓穴"发音押韵）。钴具有毒性，它存在于诸如砷钴矿之类的含砷矿物中。由氧化钴或者碳酸钴配制的釉料大多呈浓郁的蓝色，这种蓝色略微偏紫色。但锌基釉料除外，锌基釉料呈冷艳的鲜蓝色。把碳酸钴和氧化钴进行比较，前者的着色能力较弱，其使用量需要达到后者的 1.5 倍才能呈现出相同的色调。只需往釉料配方内添加 0.5% 至 2% 的氧化钴，就能让釉料呈现出浓郁的蓝色，可以通过添加氧化铁和氧化锰的方式弱化其色调。当钴、锰、铁的添加量均为 2%、氧化镍的添加量为 1% 时，可以配制出黑色釉料。往哑光釉料的配方内添加白云石或者滑石，会让钴生成淡淡的紫蓝色。

## 铜

往镁基釉料内添加氧化铜，其发色会呈绿色。往钙基或者钡基釉料内添加氧化铜，用氧化气氛烧制时呈绿松石色，用还原气氛烧制时呈牛血红色。把碳酸铜和氧化铜进行比较，前者的着色能力较弱，其使用量需要达到后者的 1.5 倍才能呈现出相同的色调。往钙基、钡基或者锶基釉料配方内添加氧化铜，添加量为 0.5% 至 1% 时呈绿松石色（与氧化锡结合使用时呈淡蓝色），添加量为 2% 至 3% 时呈绿色，添加量超过 4% 时呈金属质感的黑色。当烧成温度为 1 025℃ 时，氧化铜会出现挥发现象，其原有的氧化铜会在释放氧气的过程中被还原为氧化亚铜，釉面会在还原的过程中生成麻点状肌理。往含铜底釉上覆盖一层白色乳浊釉，会让釉面呈现出斑点效果。

下图（从左至右）：

添加了氧化钴的灰釉、中国瓷器，以及砷化钴矿物方钴矿石。蓝色灰釉配方：钾长石 40，草木灰 60，膨润土 2，碳酸钴 0.1（9 号测温锥）。

添加了氧化铜的钾基釉料和钠基釉料，以及硅酸铜矿物（蓝铜矿石）。绿松石色釉成分及份额：钠长石 47，石英 18，硼酸钙熔块 15，碳酸钙 14，瓷土 5，氧化铜 1（8 号测温锥）。绿色灰釉配方及份额：钾长石 40，草木灰 60，氧化铜 1（9 号测温锥）。

氧化铬、铬透辉石硅酸盐矿石，以及石英晶体。铬绿色釉成分及份额：钠长石 47，石英 18，硼酸钙熔块 15，碳酸钙 14，瓷土 5，氧化铬 0.5（8 号测温锥）

由氧化铁配制的红色釉料和黄色釉料，以及赤铁矿石。哑光黄色釉成分及份额：霞石正长石42.5，白云石15.5，碳酸钡24，瓷土9，石英9，硅酸锆19，氧化铁红3.5。铁锈红色釉成分及份额：钾长石47，滑石17，骨灰15，石英11.5，瓷土6，碳酸锂4，氧化铁11.5（8号测温锥）

## 铬

氧化铬能配制出多种色调的釉料。铬通常呈鲜亮的绿色，但添加量较少（0.1%至0.5%）并与少量氧化锡（5%）混合使用时，能生成粉红色或者红色，这种颜色被称为铬锡红色。与氧化锌混合使用时，铬通常会转变为棕色；当釉料配方中的锌和铝含量较高，且不添加氧化锡时，铬能生成浅粉红色。氧化铬具有毒性。

## 铁

很多传统釉料都是由氧化铁配制而成的，包括蜜黄色釉、青瓷蓝/绿色釉、卡其红棕色釉和天目棕黑色釉。氧化铁的常规添加量为0.5%至15%，添加量越高，发色越浓郁。将氧化铁、氧化锰、氧化镍和氧化钴以不同的形式混合可以配制出黑色釉料和灰色釉料。氧化铁存在于铁锈和红色黏土中，适用于制作陶瓷生产和陶艺创作的氧化铁着色剂，包括红色氧化铁、黑色氧化铁和黄色氧化铁。用1232℃的烧成温度烧制富铁釉料时，红色三氧化二铁会分解为黑色四氧化三铁，分解过程中释放出来的氧气泡能在釉面上生成油滴状外观。

釉上生花——特殊效果的釉料

左图：用金红石制成的锡粉红色釉料和黄色釉料，以及针状金红石晶体。粉红色釉料成分及份额：钠长石 47，石英 18，硼酸钙熔块 15，碳酸钙 14，瓷土 5，氧化锡 4，金红石 2。黄色釉料成分及份额：钾长石 33，滑石 21，石英 16，瓷土 15，碳酸钙 12，氧化锡 5，金红石 7（上述两种釉料的烧成温度均为 8 号测温锥的熔点温度）

对页：

左上图：在下列透明亮光釉中，独居石及稀土氧化物钕、镨、铒的添加量为 6%；透明亮光釉成分及份额：钠长石 47，石英 18，硼酸钙熔块 15，碳酸钙 14，瓷土 5（8 号测温锥）

左下图：添加了二氧化锰的钡基釉料，以及硅酸盐矿物蔷薇辉石。粉褐色釉料成分及份额：FFF 长石 37，碳酸钡 37，碳酸锂 3，石英 15，瓷土 5，二氧化锰 2（8 号测温锥）

右上图：添加了五氧化二钒的哑光釉，以及钒铅矿。哑光黄色釉成分及份额：钾长石 50，白云石 20，瓷土 20，动物骨灰 10，五氧化二钒 5；绿釉成分及份额：硅酸锆 5（8 号测温锥）

右下图：添加了氧化镍的绿色和芥末色缎面哑光釉，以及砷酸镍矿物、镍华矿石。由艾薇儿·法利（Avril Farley）创作的镍结晶釉瓶。绿色釉料成分及份额：钾长石 33，滑石 21，石英 16，瓷土 15，碳酸钙 12，氧化锌 3，氧化镍 3，二氧化钛 5。黄釉成分及份额：氧化钛 5（8 号测温锥）

## 金红石

金红石是一种由二氧化钛和氧化铁（含量高达 10%）结合而成的矿物。另外一种成分相似的矿物为钛铁矿，其内部的二氧化钛和氧化铁占比为 50∶50。往釉料配方内添加 2% 至 10% 的金红石，可以令釉面呈现出条纹和斑点效果。

## 镍

将氧化镍和氧化钴混合使用时，可以配制出灰色釉料。镍和镁基釉料中的二氧化钛发生反应后，能生成绿色和芥末色；在钡基或者锌基釉料中添加镍，能生成粉红色和钢青色。氧化镍具有毒性，用于配制釉料时，其添加量仅需 0.1% 至 3% 即可。

## 锰

当二氧化锰的添加量为 1% 至 15% 时，可以生成深棕色。当其添加量超过 20% 时，可以令釉面呈现金属质感。向钡基釉料中添加锰，能产生粉棕色效果。锰与少量钴混合使用时，能产生紫色效果。用 1 080℃的烧成温度烧窑时，二氧化锰会分解为氧化锰，二氧化锰会在分解的过程中挥发气体并成为助熔剂。锰挥发出来的气体具有毒性。

### 钒

往含有镁、钡和锶的釉料配方内添加五氧化二钒,可以生成黄色或者绿色。用于配釉时,其添加量为2%至8%。五氧化二钒具有微溶性和很强的毒性。

### 稀土氧化物

稀土氧化物包括铈、镨、钕、钬和铒等。它们的着色能力虽然较弱,但很适合配制瓷器釉料,能生成淡黄色、淡绿色、淡紫色和淡粉红色的外观效果。在不同的光照条件下,钬的颜色会从黄色转变为粉红色。钕在日光下呈淡紫色,在荧光灯下则呈淡蓝色。

## 乳浊剂

往透明釉配方中添加氧化锡或者硅酸锆,可以配制出白色釉料。只需添加5%的氧化锡或者10%的氧化锆,就可以让透明釉呈现出乳浊效果。二氧化钛也可作为乳浊剂,当将二氧化钛用于装饰由炻器坯料制作的陶瓷制品时,釉色偏乳白色。

氧化锡($SnO_2$)是制陶史上的第一种乳浊剂,但其现在的价格变得非常昂贵。康沃尔郡曾盛产锡矿,但其现产地多在东南亚和南美洲。大约需要添加5%至10%的氧化锡,就可以让透明釉呈现出乳浊效果。氧化锡的熔点为1 150℃,其中的一小部分(1%至2%)会溶解于釉液中,以炻器温度烧窑时可作为助熔剂。氧化锡是铬锡红釉和铜红釉中的重要成分,能起到稳定颜色的作用。但是白锡釉极易受到窑炉里其他釉色的影响,局部釉面上可能会生成粉红色的闪光肌理。由氧化锡配制的乳浊釉,外观呈柔和的乳白色。

硅酸锆($ZrSiO_4$)是一种价格相对较低的乳浊剂,但其添加量需要多一些(10%至15%)才能使透明釉呈现出乳浊效果。硅酸锆的熔点非常高,为2 550℃。由硅酸锆生成的白色调釉面,外观颇具冷硬感,有些时候可能会被餐具刮花。但将由硅酸锆配制的乳浊釉和其他釉色放入同一个窑炉烧制时,锆不会受到铜(还原气氛)或者铬(氧化气氛)的影响,釉面上不会生成粉红色的闪光肌理。由硅酸锆配制的乳浊釉,釉面的光泽度较高。

上图:艾玛·威廉姆斯(Emma Williams)
《高碗》
黑色黏土,钡基釉料,烧成温度为1 055℃

右图:红陶试片上饰以锆基乳浊釉。乳浊釉成分及份额:硼酸钙熔块39,钠长石27,碳酸钙5,瓷土6,石英23,硅酸锆5(04号测温锥)。氧化锡干粉

釉上生花——特殊效果的釉料

二氧化钛（$TiO_2$）通常用于生成斑点和结晶效果，但它也可作为釉料乳浊剂使用。其添加量为5%至10%时，可以让透明釉呈现出乳浊效果。值得注意的是，二氧化钛很容易和坯料中的氧化铁结合。钛和氧化铁同时存在于钛铁矿（氧化铁的含量为50%）和金红石（氧化铁的含量为15%）中。由于氧化铁会导致釉料的呈色偏淡棕色或者棕褐色，因此用钛基乳浊釉装饰革黄色炻器时，釉面的白度不如锆基乳浊釉或者锡基乳浊釉。二氧化钛的熔点为1 830℃。由于它仍保持未熔状态，所以可作为低温铝基结晶釉的晶体种子。

## 碳化硅（金刚砂）

把碳化硅粗颗粒（60目至180目）或者细粉末（360目至1 200目）以0.2%至2%的使用量添加到釉料配方中，能生成铜红釉色、青瓷釉色，以及火山釉面上的凹坑肌理。大量添加（超过5%）碳化硅，可能会导致釉面起泡，并使釉料呈现灰色调。

## 陶瓷着色剂和釉下彩颜色

商业着色剂是通过将着色氧化物、二氧化硅和乳浊剂混合并加热，之后再研磨成粉制成的。很多着色剂配方内含有硅酸锆，这会导致釉面乳浊。如果你想配制艳丽的黄色釉料或者红色釉料，最好购买商业着色剂，因为上述颜色很难由着色氧化物生成。红色釉料和橙色釉料内含有陶瓷着色剂，这些着色剂被包裹在硅酸锆基质内部，在高温烧成环境中十分稳定。如果你想配制蓝色釉料、绿色釉料或者棕色釉料，最好使用着色氧化物，因为其呈色效果比陶瓷着色剂更具趣味性。有些陶艺家更喜欢使用黑色陶瓷着色剂而不是着色氧化物，原因是由前者配制的黑色釉料色相更加纯正。釉下彩颜色由陶瓷着色剂、黏土和熔块混合而成，极易喷涂到陶瓷制品的外表面上。

## 颜色釉配方

哑光蓝色釉（埃米莉·迈尔斯 Emily Myers），04号测温锥（1050℃）（非食品安全级）

碳酸钡 40
瓷土 19
霞石正长石 19
燧石 10
碳酸锂 5

+ 碳酸铜 3.5 鲜艳的紫色
+ 碳酸钴 3 深蓝色

上图：艾玛·威廉姆斯（Emma Williams）
《黑色陶碗》
内壁饰以白色裂纹釉，外壁饰以钡基哑光釉，艾玛和埃米莉·迈尔斯（Emily Myers）使用的是同一种蓝色釉料

缎面哑光芥末色釉，8号测温锥（1250℃）

钾长石 33
滑石 21
碳酸钙 12
瓷土 15
石英 16
氧化锌 3

+

氧化镍 3
二氧化钛 10

锶哑光绿松石色釉，8号测温锥（1250℃）（非食品安全级）

霞石正长石 60
碳酸锶 21
碳酸锂 2
瓷土 6
燧石 9
硼酸钙熔块 2

+

氧化铜 2

# 4 原料中的杂质和其他变量

很多陶艺家会使用其所在地出产的天然原料配釉，如黏土、泥浆、草木灰和采石场里的矿石。原料中的杂质能生成非常有趣的釉面效果，此类杂质包括氧化铁、二氧化钛和其他微量元素。从陶瓷原料供应商处购买的许多配釉原料内亦含有杂质：长石、球土和金红石，这些杂质都能生成极其丰富的釉面效果。由杂质生成的效果极具趣味性，我们可以有意识地多了解一些杂质的种类，以及它们会对釉料造成的影响。此处，我们将以金红石内包含的杂质为例，理解杂质可能会对釉料造成的影响。

金红石是一种天然矿物，是二氧化钛的来源，通常被作为釉料的着色剂和乳浊剂使用。它是从澳大利亚、南非和塞拉利昂海滩沙中的重矿床里开采的。钛铁矿（$FeTiO_3$）内的氧化铁含量较高（50%），而金红石内的氧化铁含量约15%，还可以从金红石中进一步提纯出白色二氧化钛。金红石可以令釉料呈现出多种特殊效果，其中包括条纹肌理、斑点肌理和乳白色调。用还原气氛烧窑时，金红石能生成蓝色调。其原因或许是由悬浮在釉料中的金红石微粒散射光线而形成的，还有可能是在还原气氛中，$Ti^{3+}$ 和 $Ti^{4+}$ 之间发生电荷转移，黄色的光被吸收掉，只留下蓝色的光。蓝宝石的蓝色调也是在类似的电荷转移过程中形成的。

**对页图：《金色盘子》**
瓷器，结晶釉的着色剂为英国金红石12%、红色氧化铁8%，直径：21.5 cm，由西部陶瓷厂（Pottery West）生产的荒原（Wilder）系列产品
摄影师：朱尔斯·李斯特（Jules Lister），2017年

**右图：**坐落在英国康沃尔郡圣奥斯特尔（St Austell）的黏土矿坑

用氧化气氛烧制含有二氧化钛的釉料时，它只能令釉面呈现出乳浊效果，并不能为釉料着色（参见对面页中的图d，左侧瓷砖）。需要注意的是，金红石内包含约15%的氧化铁，这是其晶体结构的组成部分，其他杂质还包括铬、钒和铌。尽管杂质的含量较低（轻质金红石的氧化铁含量低于1%），但仍会对釉料的发色产生影响。用氧化气氛烧窑时，金红石内的氧化铁能令釉料呈现出赭黄色调。基础釉配方中的氧化铝（黏土）含量相对较高时，釉面才能呈现出这种棕黄色（图d）。金红石中的铬含量虽少，但也会令配方中含有氧化锡的釉料发色偏粉色调（图c）。铬不会溶于釉液中并生成常见的绿色调（来自$Cr^{3+}$），而是会与氧化锡、氧化钙和二氧化硅发生反应，生成一种名为榍石或者硅酸钙锡的晶体结构（$CaO·SnO_2·SiO_2$，其中的$Cr^{4+}$取代了一部分锡）。为了让这种反应顺利发生，釉料中必须添加足量的钙和二氧化硅。当釉料中的氧化铝和氧化镁（白云石或者滑石）含量较低，且釉料不含氧化锌时，金红石能令釉料呈现出粉红色调。这种粉红色比由纯氧化铬生成的粉红色更浅，后者的釉面上通常带有红褐色的小斑点。其原因是金红石中的铬含量低于0.1%，即金红石中的氧化铬粒径小于纯氧化铬的粒径。因此，我们可以看到金红石中的微量杂质会对釉料最终的烧成效果产生微妙的影响。

在搬回伦敦之前，我在加州创建了我的第一间陶艺工作室。在测试过多种金红石-锡粉红色釉料配方后（图c），我发现，把美国市面上出售的金红石和英国市面上出售的金红石作以对比，由前者配制的粉红色釉料色相更纯正。我对上述两种金红石样本进行了检测分析，发现英国样本的氧化铁含量更高。这也正是英国金红石能配制出橙桃红色釉料的原因。我原本以为钒或许也会对釉料的发色造成影响，但英国金红石样本中的钒含量低于美国金红石样本，所以事实显然并非像我想的那样。金红石中虽含有钒，但它对釉料的发色没有太大影响，因为钒的着色能力较弱——也就是说，只有往釉料配方内大量添加（5%至10%）五氧化二钒时，釉色才会变黄。

金红石粉末：a. 含有杂质的$TiO_2$（浅棕色）；b. 钛铁矿$FeTiO_3$（深棕色）

## 釉料配方

金红石-锡粉红色釉料，8号测温锥（1250℃），氧化气氛（左侧试片釉层较薄，右侧试片釉层较厚）

钠长石 47
石英 18
硼酸钙熔块 15
碳酸钙 14
瓷土 5
+
氧化锡 4
金红石 2

c. 在瓷器试片上测试由英国金红石和美国金红石配制的金红石-锡粉红色釉料，氧化气氛烧至1250℃。上排，美产金红石粉红色釉料；下排，英产金红石粉红色釉料

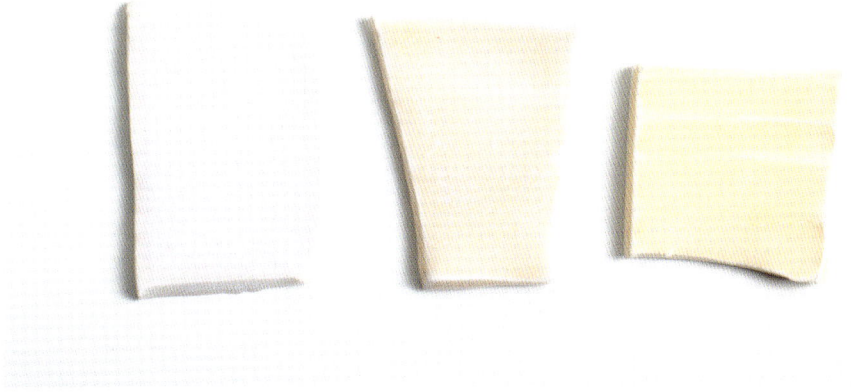

d. 在瓷器试片上测试由金红石和纯二氧化钛配制的釉料，氧化气氛烧制。二氧化钛起到了乳浊剂的作用，而金红石则令釉面发色偏黄/橙色；左侧试片的二氧化钛添加量为5%；中部试片的金红石添加量为5%；右侧试片的金红石添加量为7%、氧化锡添加量为5%

金红石-棕黄色釉料，8号测温锥（1250℃）（图d的中部试片）

钾长石 34
石英 23
硼酸钙熔块 14
瓷土 13
碳酸钙 11
白云石 5
+
金红石 5

金红石-黄色釉料，8号测温锥（1250℃）（图d的右侧试片）

钾长石 33
滑石 21
碳酸钙 12
瓷土 15
石英 16
+
氧化锡 5
金红石 7

釉上生花——特殊效果的釉料

当我们从陶瓷原料供应商处购买原材料时，还能同时获得原料安全数据表（MSDS），表中收录了所有原料是否具有毒性的详细信息（金红石内含有微量二氧化硅粉尘，金红石本身无毒）。查阅金红石的安全数据可以发现，金红石的二氧化钛含量高达90%，氧化铬、氧化锆和二氧化硅的含量未超过0.5%。由于我之前合作的金红石供应商已断货，所以一段时间以来，我一直在考虑把我手头上的金红石样本进行检测分析，以便能重现我曾经研发的釉色。我近来发现，做检测分析并不难，而且成本也不高。所以如果哪位同行也一直在使用你所在地的天然原料配釉，而且你使用的这些原料也不巧断货了的话，我很乐意向你推荐这种检测分析方法。

我把自己库存的金红石样本送到惠尔·简（Wheal Jane）实验室进行检测分析，该实验室坐落在康沃尔郡的一个旧锡矿址上。工作人员使用两种技术检测样本中的微量元素：X射线荧光法（XRF）及交互耦合等离子体（ICP）发射光谱法。虽然听起来很复杂，但从本质上讲，第二种方法就是我们读书时在化学课上做实验的精密版——我们加热金属化合物并观察火焰的颜色（例如钠化合物的火焰呈黄色、锂化合物的火焰呈红色、钡化合物的火焰呈淡绿色，人类也正是利用了上述化合物的此项特征才制造出了彩色的烟花）。在第一种X射线荧光法中，先用X射线照射样本，再对其发射出来的光的颜色进行分析。X射线从样本原子上敲出电子，其他电子落入残留的空洞中，并以光的形式释放能量。每一种残存的元素都会发射出具有标志性颜色的光。

上图：带针状晶体的金红石矿

对页图：《金色盘子》
瓷器，结晶釉的着色剂为英国金红石12%、红色氧化铁8%，直径：21.5 cm，由西部陶瓷厂（Pottery West）生产的荒原（Wilder）系列产品
摄影师：朱尔斯·李斯特（Jules Lister），2017年

4 原料中的杂质和其他变量

英国和美国金红石样本内都含有钛和锆，且均 > 10 000 mg/kg

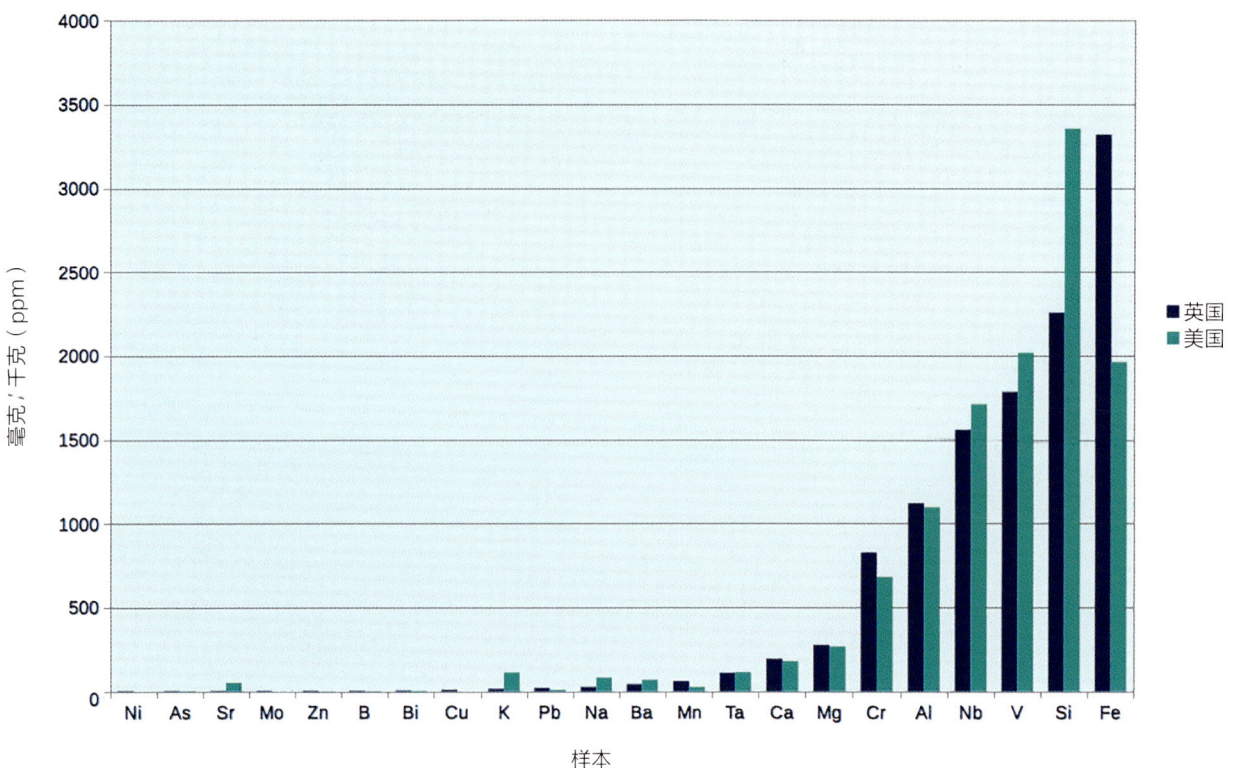

英国和美国金红石样本微量元素分析图。样本中包含的主要杂质包括铁、钒、铌、铬、锆和硅等

在上述条形图中，杂质的浓度以毫克/千克或者兆比例（1 000 ppm=0.1%）表示。这些样本的锆含量超过 1%，钛含量高达 90%，这两种成分未在图表上显示。诸如硅、铝、镁、钙、钡、钠和钾等元素是常见的配釉原料，它们对釉料发色几乎没有影响。能影响釉料发色的是过渡金属元素，例如铁、钒、铬和锰等。但值得注意的是，钒和锰的着色能力相对较弱，这便令铁和铬成为最重要的着色杂质。测试结果表明，英国市面上出售的金红石比美国市面上出售的金红石内含有更多的铁和铬。用氧化气氛烧制含有氧化铁的釉料时，能生成一系列赭色、棕褐色或者棕色；用氧化气氛烧制含有氧化铬和氧化锡的釉料则能生成绿色或者粉红色。当釉料中的金红石添加量超过 2% 时，其内部含有的钛和锆能令釉面呈现出乳浊效果，原因是这些氧化物具有极高的熔点，釉料中残留的未熔颗粒导致了釉面乳浊。铌和钽属于稀有金属元素，这两种氧化物也会导致釉面乳浊。

从理论上讲，陶瓷原料供应商出售给陶艺家的金红石由氧化钛和氧化铁构成，但实际上其内部亦包含多种杂质，例如铁、铬、钒和铌。英国市面上出售的金红石内含有更多的铁和铬，美国市面上出售的金红石含有更多的钒和铌。英国金红石的供货商为澳大利亚 CTM 陶瓷原料有限公司。美国金红石的供货商为坐落在纽约州尼亚加拉大瀑布的费罗（Ferro）电子材料有限公司。据托尼·汉森（Tony Hansen）介绍，美国金红石是由产自澳大利亚的金红石和产自佛罗里达州的金红石混合而成。英国金红石和美国金红石的检测结果表明，二者的差异可能是由于其原产地，即佛罗里达州或者澳大利亚的地域性差异造成的。

其他着色氧化物，例如钴、铜和氧化铬，以及单一矿物氧化物，例如石英、滑石和硅灰石，这些物质相对较纯净。但需要注意的是，很多黏土和长石是从地下挖掘的，纯净程度较低，其内部通常含有氧化铁和二氧化钛等杂质，这些杂质会对釉料的发色造成影响。陶艺家在其所在地采集的原料，例如天然黏土或者草木灰，其内部可能包含许多杂质，这些杂质会对坯料和釉料的外观造成极深的影响。

罗伯特·亨特（Robert Hunter）
《橄榄灰釉瓷瓶》
还原气氛，灰釉的色调之所以偏绿色，是因为草木灰中含有氧化铁

# 5

# 釉料的稳定性和持久性

绝大多数时候，当我们考虑研发或者调整某一种釉料时，我们的思考重点主要是其颜色、质地或者流动性。但有关釉料的其他属性，例如其热膨胀率与坯料的热膨胀率的匹配程度，或者其稳定性和持久性也同样重要。后文将详细剖析特殊效果釉料的稳定性与持久性，你会发现很多此类釉料都超越了普通釉料的"正常"界限，当你能理解并掌握其中的关键性因素时，就能借助这些独特的釉色效果获取最大的收益。

为了深入理解釉料的稳定性和持久性，我们需要从最基础的釉料配方学起。釉料由三种成分组成：玻化剂——二氧化硅；助熔剂——令二氧化硅熔融；稳定剂（黏土）——使熔融的釉液在降温的过程中固化。上述成分需要以正确的比例加以调和，以便在既定的烧成温度下达到最佳的熔融效果。选择适宜的助熔剂非常重要，因为它会影响到釉料的持久性。最好将数种助熔剂组合在一起使用。钾、钠和锂这三种碱性金属的氧化物是强力助熔剂。其氧化物的化学式写作 $R_2O$，其中 R 是碱性金属钾、钠或锂；O 是氧。二氧化硅的自然熔点为 1 710℃，上述碱性金属的氧化物能有效降低二氧化硅的熔点。值得注意的是，硅酸钠具有可溶性，单独使用时无法配制出合格的釉料。为了让其不溶，必须往釉料配方内添加碱土金属元素，例如钙。钙、镁、钡和锶等碱土氧化物的助熔效果不如碱性金属，但其优点是有助于釉料稳定，能让釉面更耐水、酸或者碱的侵蚀。碱土氧化物的化学式写作 RO，其中 R 是碱土钙、镁、钡或锶；O 是氧。低温助熔剂铅和锌的氧化物化学式也写作 RO。

但上述规则也有例外，例如只含有碱性金属助熔剂的志野釉（由长石和黏土调配而成），以及通过往炽热的炉膛内投放钠元素为陶瓷制品"取釉"的苏打釉或者盐釉。"取釉"的原理是，钠元素会在高温环境中挥发出蒸气，钠蒸气与坯体的外表面发生反应，进而生成钠铝硅酸盐釉。上述类型的釉料都是高温烧制的（1 280℃至1 300℃）。釉料配方内的氧化铝和二氧化硅含量较高，所以能确保所有碱性金属都被安全地封存在釉料结构中。

琳达·布鲁姆菲尔德（Linda Bloomfield）
拉坯成型的瓷碗，内壁饰有流动性较强的绿松石色釉、铬绿色釉和镍钴灰色釉，外壁饰有缎面哑光釉

釉上生花——特殊效果的釉料

## 釉料的稳定性

在考虑釉料的化学稳定性时，碱性金属和碱土的调配比例非常重要。当 $R_2O:RO$ 的比例为 0.3：0.7 时，可以配制出性能最稳定的釉料。此时，釉面足以抵抗食物中的酸和洗碗机皂液中的碱的侵蚀。当釉料配方内含有过量的碱性金属氧化物时，它无法被釉料结构牢固地封存住，极易被酸析出，釉面在洗碗机内会受到洗洁精的腐蚀。过量的碱性金属原子会与酸释放出来的氢离子发生交换反应。由于氢离子的体积比碱性金属离子的体积小很多，所以二者发生交换反应会导致釉料结构残留下孔洞，这会大大地削弱釉面的强度并导致其分解（见线图）。某些黏土中含有氟元素，氟会在烧窑的过程中出现挥发现象，氟蒸气与水接触后会生成氢氟酸，进而将陶艺家的工作室窗玻璃腐蚀掉，该过程与过量碱性金属氧化物造成的釉面腐蚀类似。当釉料配方内的碱性金属和碱土比例失去平衡时，诸如醋和柠檬汁之类的食物中所包含的酸，会将有毒物质从釉面中析出并渗入食物中，进而对人体健康造成危害。

洗洁精中的碱能提供氢氧根离子，当其化学特性不稳定时，这些氢氧根离子会攻击釉料中的二氧化硅，并导致釉面溶解。同样的过程会让陶瓷制品的釉面被洗碗机内的洗洁精腐蚀掉。洗洁精的腐蚀性很强，其 pH 在 11 至 13 之间（pH 的最高值为 14）。热水加上洗洁精，再加上不断地冲刷，这会对陶瓷制品的釉面造成极大的破坏。

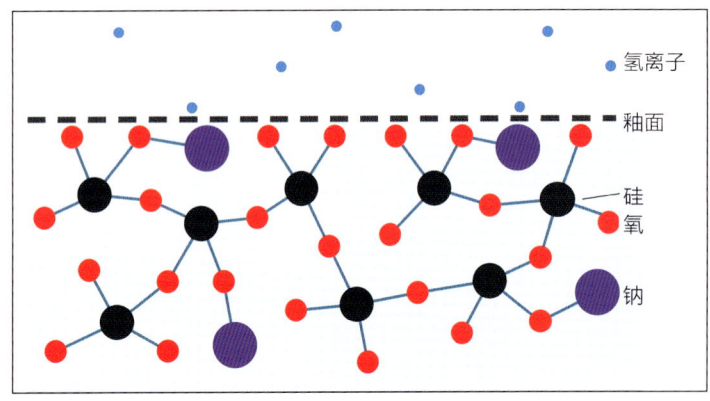

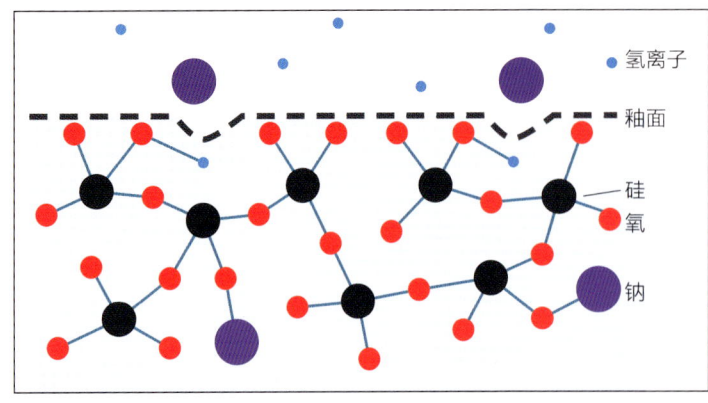

这两张线图展示了碱性金属和碱土金属比例失衡的釉料与酸接触后会发生什么。酸会释放出氢离子，而这些氢离子又会与釉料配方内多余的钠离子或者钾离子发生交换反应。由于氢离子的体积比钠离子的体积小，所以离子交换过程会在釉面上残留下孔洞。手机的钠-钙玻璃屏的生产过程与此相反，是借助体积更大的钾离子对钠-钙玻璃表面进行压缩和强化。线图由亨利·布鲁姆菲尔德（Henry Bloomfield）绘制

## 釉料配方的计算

想要确认某种特定的釉料中到底包含多少碱性金属氧化物时,可以将釉料配方输入釉料计算程序。此类程序可以帮助我们计算出釉料的分子式。计算结果能精确地显示出碱性金属氧化物和碱土氧化物的分子比($R_2O$：RO)。理想的比例为0.3：0.7,但当 $R_2O$：RO 的数值为 0.2：0.8 或者 0.4：0.6 时,釉料的化学稳定性和持久性也很不错。当碱性金属氧化物的占比较高,例如 $R_2O$：RO 的数值为 0.5：0.5 甚至 0.7：0.3 时,釉料会失去平衡,其持久性会大幅度降低。如果将这种釉料放入洗碗机中高频率清洗(例如两个月内每天都清洗)的话,釉面最终会呈现出磨砂状的哑光外观。古埃及和波斯地区的陶器多饰有这种绿松石色碱性釉料,其应用时间已逾数千年。

## 计算分子式

釉料配方既可以按重量比例写,也可以按化学式写。为了方便计算,可以根据每一种原料在釉料配方中的相对比例,将其转化成分子数。为了便于转化,需要用每种原料的重量除以其分子量(参见附录)。除以碱性助熔剂(钠、钾、钙等)的分子总数,得到分子式,碱性助熔剂的分子总数被设置为1。这种计算方式提供了氧化铝、二氧化硅,以及碱性金属和碱土氧化物的比例,同时反映了釉料是否具有光泽度和持久性。

对此图的解读详见第一部分 1 认识釉料

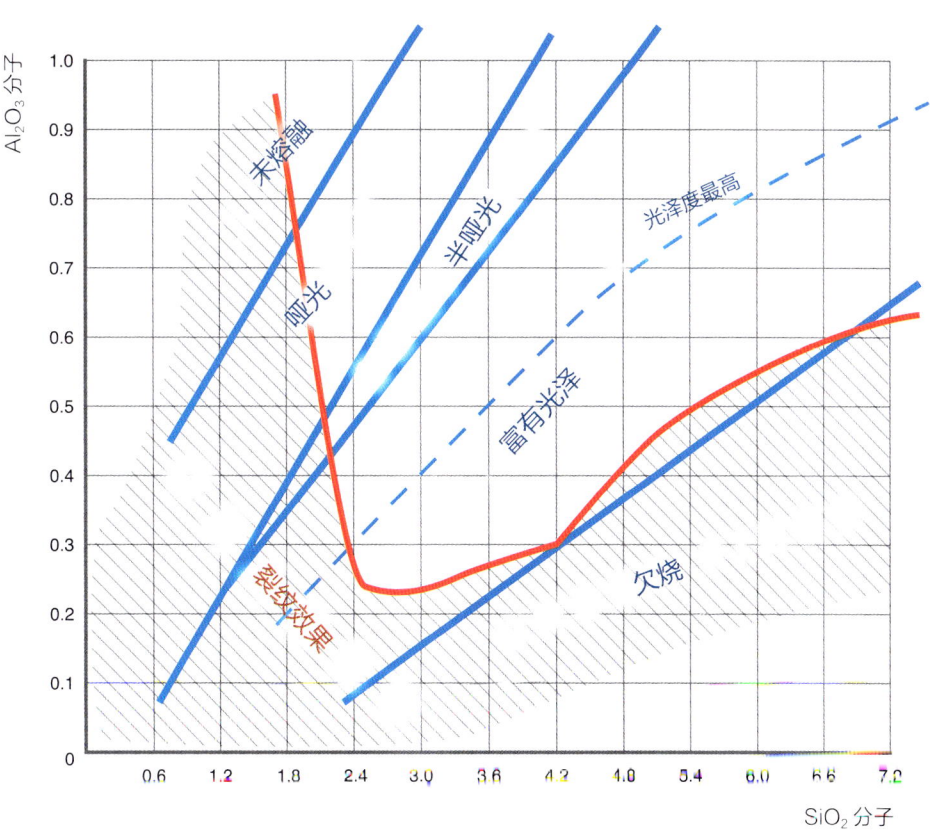

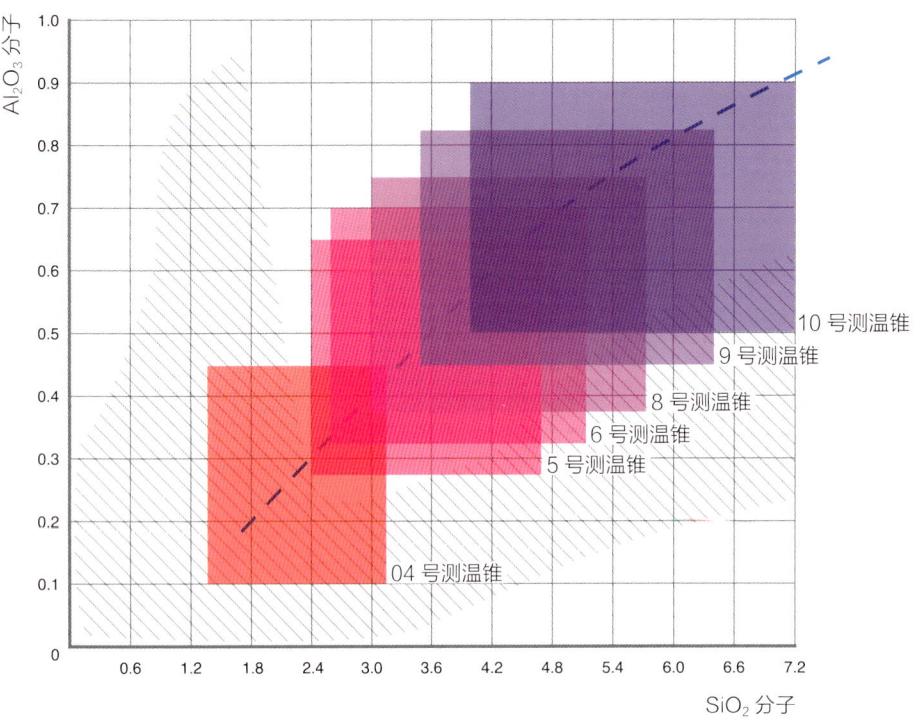

氧化铝和二氧化硅关系图,可以从中归纳出稳定釉料的极限范围。烧成温度越高,二氧化硅和氧化铝的添加量越多,釉面的强度和硬度越好。这些限制中的绝大多数是对光泽釉而言的

## 稳定釉料的极限范围

氧化铝和二氧化硅 [摘录自伊曼纽尔·库珀(Emmanuel Cooper)和德里克·罗伊尔(Derek Royle)于1984年所做的实验数据]

| 测温锥编号及其烧成温度 | | 每个单元中的分子数 | | | |
| --- | --- | --- | --- | --- | --- |
| 04 号测温锥 | 1 060℃ | $Al_2O_3$ | 0.1 至 0.45 | $SiO_2$ | 1.375 至 3.15 |
| 5 号测温锥 | 1 200℃ | $Al_2O_3$ | 0.275 至 0.65 | $SiO_2$ | 2.4 至 4.7 |
| 6 号测温锥 | 1 225℃ | $Al_2O_3$ | 0.325 至 0.70 | $SiO_2$ | 2.6 至 5.15 |
| 8 号测温锥 | 1 250℃ | $Al_2O_3$ | 0.375 至 0.75 | $SiO_2$ | 3.0 至 5.75 |
| 9 号测温锥 | 1 275℃ | $Al_2O_3$ | 0.45 至 0.825 | $SiO_2$ | 3.5 至 6.4 |
| 10 号测温锥 | 1 300℃ | $Al_2O_3$ | 0.50 至 0.90 | $SiO_2$ | 4.0 至 7.2 |

单位釉料中助熔剂的最大添加量 [摘录自伊曼纽尔·库珀(Emmanuel Cooper)和德里克·罗伊尔(Derek Royle)于1984年所做的实验数据]

| 测温锥 | 烧成温度 | MgO | BaO | ZnO | CaO | $B_2O_3$ | K+Na |
| --- | --- | --- | --- | --- | --- | --- | --- |
| 5 | 1 200℃ | 0.325 | 0.40 | 0.30 | 0.55 | 0.35 | 0.375 |
| 6 | 1 225℃ | 0.330 | 0.425 | 0.32 | 0.60 | 0.30 | 0.35 |
| 8 | 1 250℃ | 0.335 | 0.45 | 0.34 | 0.65 | 0.25 | 0.325 |
| 9 | 1 275℃ | 0.340 | 0.475 | 0.36 | 0.70 | 0.225 | 0.30 |
| 10 | 1 300℃ | 0.345 | 0.50 | 0.38 | 0.75 | 0.21 | 0.275 |

**具有流动性的绿松石色釉。6号至8号测温锥（1 240℃至1 260℃）**

这种釉料的钠钙比例较低，持久性相对较好（分子式与分子数为：$Na_2O$ 0.25，$CaO$ 0.75，$B_2O$ 30.38，$Al_2O_3$ 0.38，$SiO_2$ 3.1）

钠长石 47

硼酸钙熔块 16

碳酸钙 14

瓷土 5

石英 18

+

氧化铜 1

**高碱绿松石色裂纹釉。6号测温锥（1 240℃）（非食品安全级）**

这种釉料的钠含量很高，持久性相对较差。（分子式与分子数为：$Na_2O$ 0.7，$CaO$ 0.3，$Al_2O_3$ 0.23，$SiO$ 22.5）。

钠长石 15

高碱熔块 47

碳酸锂 2

碳酸钙 6

石英 18

瓷土 10

+

氧化铜 2

## 配釉的原料

釉料中的碱性金属氧化物主要源自钠长石、钾长石或者霞石正长石。后者的钠含量高于前两者，也可以使用碳酸锂、纯碱（碳酸钠）或者珍珠灰（碳酸钾）。值得注意的是，纯碱和珍珠灰具有可溶性，极易引发釉面烧成问题，所以它们并不是常用的配釉原料。碱性熔块或者硼酸熔块内亦包含上述元素，熔块无可溶性，是常用的配釉原料。当某种釉料配方中的碳酸锂含量超过10%时，可以预见该釉料的化学稳定性不高，原因是碱性金属的比例过高（碳酸锂的锂含量比锂长石的锂含量还要高）。想要降低釉料的熔融温度，最好使用硼熔块。碳酸钡含量超过20%的哑光釉，不适用于装饰日用陶瓷餐具。可以用碳酸锶代替钡，且锶的添加量只需要钡的四分之三，就可以达到与后者相同的哑光效果（所以其添加量在釉料配方总量中只占15%，而不是20%）。

着色氧化物会溶解于釉液中。以氧化铜为例，其最高溶解量为4%，超过此量的那部分氧化铜会浮至釉面最顶层，呈现出金属般的黑色调（往陶瓷器皿的边棱上涂刷氧化锰和氧化铜的混合物，能生成青铜般的外观，这和超量氧化铜生成的金属质感黑色同理，参见后文有关金属釉的内容）。这种金属釉不适用于装饰日用陶瓷餐具。当釉料配方中的着色氧化物添加量少于2%，二氧化硅和氧化铝的添加量足够多并烧至成熟时，该釉料很可能达到食品安全级别。化学特性不稳定、持久性较差的釉料适用于装饰型陶艺作品和雕塑型陶艺作品，这也是特殊效果釉料的主要用途。

适用于陶器的绿松石色亮光釉，04号测温锥（1 060℃至1 100℃）
这种釉料的硼含量较高，能够在低温烧成环境中熔融（分子式与分子数：$Na_2O$ 0.2，$CaO$ 0.8，$B_2O_3$ 1.0，$Al_2O_3$ 0.32，$SiO_2$ 3.0）
硼酸钙熔块 39
钠长石 27
碳酸钙 5
瓷土 6
燧石 23
+
氧化铜 1

由于低温陶器釉料的配方内含有熔块，所以釉面能在1 100℃左右熔融。把硼熔块、高碱熔块和碳酸锂进行对比，由前者配制的釉料持久性高于由后两者配制的釉料。

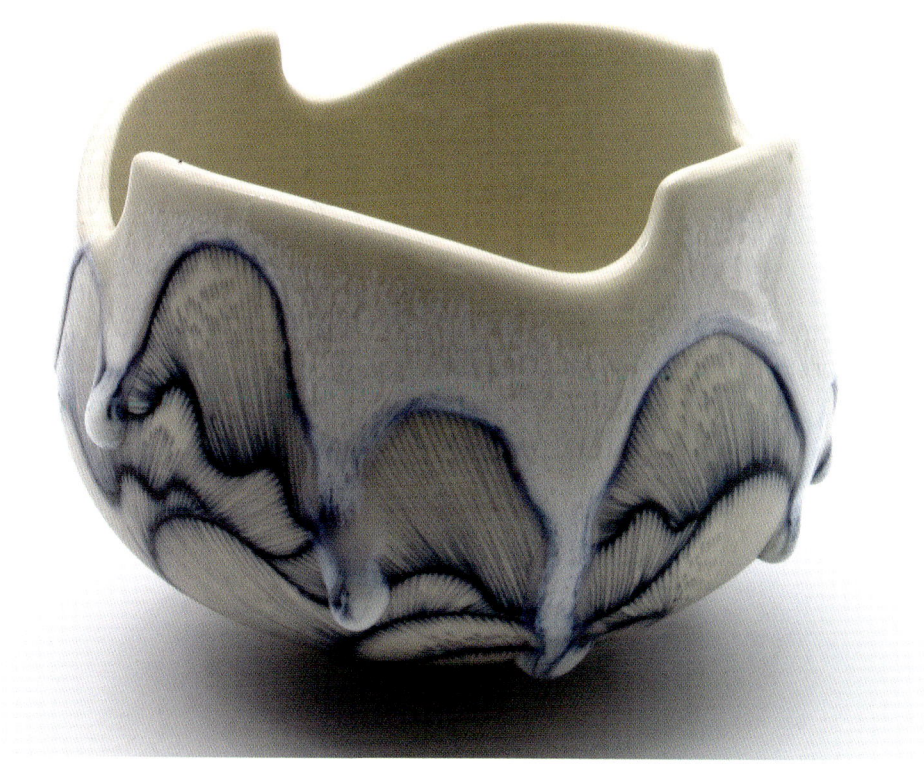

诺艾尔·胡弗（Noelle Hoover）
《单齿产物》
注浆成型的炻器碗，釉下彩线条纹饰，流动釉，美国印第安纳波利斯

## 正确的烧成温度

欠烧会导致釉面强度差、外观干涩、触感粗糙。如果釉料没有充分玻化，那么把陶瓷餐具放入洗碗机中清洗时，在日常使用、堆叠的过程中，以及和金属餐具接触时，极易受到剐蹭，釉面最终会碎裂。釉料是否欠烧很容易判断，因为它会呈现出一种令人不悦的干涩哑光，而烧得恰到好处的釉料则会呈现出极佳的光泽或者卵石般的哑光。理想的哑光是釉液熔融并在降温的过程中生成结晶，其外观类似于卵石或者缎面的光泽。相反，过烧会导致釉料流淌，还可能出现起泡现象（尽管具有流动感的釉面可能正是你所追求的外观效果）。通常而言，当某种釉料配方内的二氧化硅和氧化铝添加量为最高值（参见前文"稳定釉料的极限范围"），且用适宜的烧成温度烧制，那么该釉的持久性能达到最佳状态。除此以外，让釉面充分熔融也很重要。硼熔块和硼酸钙熔块能将釉料的烧成温度从1 260℃降至1 060℃，即从8号测温锥降至04号测温锥。烧成温度越低，熔块的添加量越多，某些陶器釉料和乐烧釉料配方内的熔块含量高达90%。有些熔块本身亦可作为釉料使用，但真正的釉料配方中总会包含一些瓷土、球土或者膨润土，其作用是帮助熔块悬浮在水中。

# 研发和测试釉料

## 测试釉料：试片、调配和柯里（Currie）网格测试法

可以从书籍里和网络上寻找釉料配方。以 100 克为单元，小剂量混合并测试釉料。可以通过调整釉料配方内二氧化硅和黏土的含量，改变其质感、流动性、以及坯釉结合度。黏土含量低可能导致釉料流淌，而黏土含量高可能导致釉面失去光泽。往釉料配方内添加碳酸镁或者氧化锌和瓷土，可以令釉面呈现出地衣开片效果。当你找到某种喜欢的基础釉时，无论是亮光釉还是哑光釉，最好往其配方内添加各种着色氧化物，借此进行着色测试。较简单的测试方法步骤如下：首先，将彩色氧化物加水调和成溶液。其次，用毛笔蘸着溶液在素烧过的试片上画线。再次，为装饰好的试片浸釉。最后，将试片放入窑炉内烧制。测试结果能向你展示各种着色氧化物如何与釉料发生反应。还有一种相对更加精确的测试方法：先称量少量着色氧化物，再将其添加到一定剂量（以 100 克为单元）的釉料干粉中（参见下文有关釉料测试方面的内容）。

**透明亮光基础釉，9 号测温锥（1 260℃）**
钾长石 34
硼砂熔块 14
碳酸钙 11
瓷土 13
石英 23
白云石 5

## 釉料着色测试

调配 1 千克基础釉（任何一种配方内不添加氧化着色剂的亮光釉或者哑光釉）。操作步骤如下：第一步，将釉料配方乘以 10，并以克为单位称量配方中的各种成分。第二步，将原料干粉倒入大约 750 毫升水中，充分搅拌，以便于所有成分均匀分布。第三步，调整釉液的黏稠度，直到它介于牛奶和稀奶油之间为止。釉液过于浓稠时，再多加些水；釉液过于稀薄时，先静置数小时，待其沉淀后将顶部多余的水分倒出去。第四步，将釉液平均分成十份并倒入十个塑料杯中。每个杯子里的溶液重量会超过 100 克；因为除了原料干粉的重量（100 克）之外还有水的重量。第五步，少量称取各种着色氧化物，并将其倒进每个杯子的溶液中。做上述测试时需要使用精确的天平，数字天平或者三梁天平均可。

左图：镁基哑光结晶釉试片，釉料配方内添加了各种颜色的氧化物

初次测试时，着色氧化物的建议添加量如下。

0.5 克氧化钴

1 克氧化铜

0.5 克氧化铬

2 克氧化铁

5 克金红石

5 克钛铁矿

1 克氧化镍

2 克二氧化锰

5 克氧化锡

5 克硅酸锆

将每一种颜色釉搅拌均匀，并用 80 目的过滤网仔细地过滤一遍，借助浸釉法将釉液浸渍在试片的外表面上。可以在试片的一侧浸两层釉，甚至可以局部浸三层釉。确保每次浸釉前，先将釉液充分地搅拌均匀。把不小心沾到试片底部的多余釉料擦干净，并借助釉下彩铅笔或者氧化铁和氧化锰的混合溶液，在试片底部标注编号。

用你常用的黏土和成型方法制作试片。既可以先擀压一大块泥板，再将其切割成一块块小矩形，也可以先在拉坯机上拉制一个直径较大的圆柱体，再将其切割成多个小段。既可以把试片平放在硼板上烧制，也可以将其制作成"L"状外形，并垂直摆放在硼板上烧制，这样做能展示出釉料的流动性。最好借助日常用品或者图章，在试片的外表面上压印一些肌理。用常用的素烧温度（990℃左右）烧制试片。请记住，试烧某种新釉料时，最好在试片底部垫一块泥板，以防止釉料流淌粘板。

## 混合颜色的方法

如图所示，为了方便测试所有的釉色，可以借助汤匙或者注射器将各种颜色釉按照 50∶50 的比例两两混合在一起。正式混合之前，先将每种釉料彻底地搅拌均匀，再借助汤匙将其两两混合在一起，最后通过浸釉法

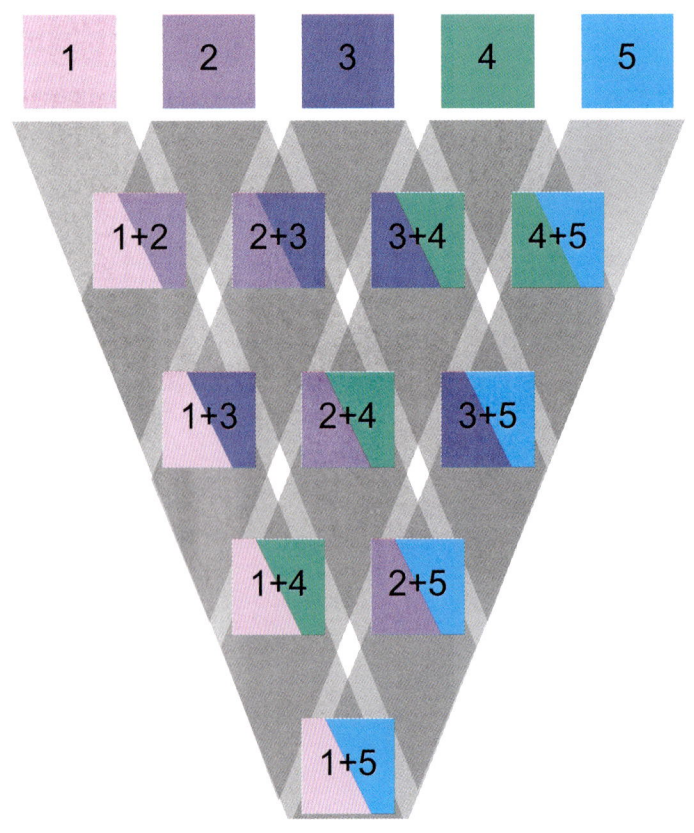

6　研发和测试釉料

或者淋釉法为试片施釉。

这种方法为湿法混合，釉液无需再次过滤。如线图所示，在每个试片的背面标注编号：例如，釉料 1 和釉料 2 混合，则在该试片的背面标注编号"1+2"。

为所有的试片浸上各种颜色釉之后，用常用的烧成温度试烧。测试结果能展现出基础釉与每种着色氧化物之间的反应。假如你对某种烧成效果特别感兴趣，还可以用相同的氧化物做一系列更精密的测试。这种方法适用于两种氧化物的混合测试；对于三种氧化物而言，可能需要进行三轴混合测试。

右图：前文中的透明亮光基础釉，金红石含量为 5%，往这种基础釉配方内分别添加以下着色剂（第一排从左至右）：1% 氧化铜、0.5% 氧化铬、2% 氧化铁、5% 二氧化锰和 5% 氧化锡。其他试片由第一排试片按照 50 : 50 的比例两两混合而成。这些试片与前文中的釉料混合线图相对应。本测试的实验员为福利斯特·洛陶瓷学院（Forest Row School of Ceramics）的戴安·布鲁斯特（Diane Brewster）

对页图：线图展示了如何用五种不同的氧化物与同一种基础釉做混合测试。每一种氧化物均以 50 : 50 的比例与其他氧化物混合，借此观察不同氧化物的实验结果

釉上生花——特殊效果的釉料

这些试片上所使用的基础釉为后文中介绍的镁基哑光釉，将其与各种氧化物混合并做测试，9号测温锥

线性混合测试，所使用的基础釉为铬-锡陶器釉料，其配方中的碳酸钙添加量从左至右递增

## 线性混合

线性混合是指向某种基础釉中逐渐增加着色剂的添加量，进而获得一系列釉色。例如，往各剂基础釉中分别添加 0.5%、1%、1.5%、2%、2.5% 的氧化铜，再将每一剂溶液彻底地搅拌均匀，仔细过滤后借助浸釉法为试片施釉。在所有测试结果中，我最喜欢由少量氧化物生成的水润的、淡淡的颜色。当氧化铜的添加量超过 5% 时，釉料呈过饱和效果，经过烧制的釉面外观为颇具金属质感的黑色。

## 交叉混合

可以尝试将两种氧化物混合在一起，例如钴和锰、铜和金红石、铬和锡、钴和镍、铜和锡。一个简单的测试方法是，将前文中以 50∶50 的比例混合的两杯颜色釉调和在一起。除此之外，还可以尝试更小剂量的交叉混合测试，例如借助塑料注射器抽取 25 毫升釉液，或者借助汤匙盛取釉液。用这种方法进行测试之前，请确保釉液已被彻底地搅拌均匀。

交叉混合是用两种着色氧化物进行的一系列测试，例如，其中一种氧化物的添加量逐渐增多，而另外一种氧化物的添加量逐渐减少：

| 氧化铜的添加量 | 0.5% | 1% | 1.5% | 2% | 2.5% |
|---|---|---|---|---|---|
| 金红石的添加量 | 10% | 8% | 6% | 4% | 2% |

可以用干法混合做测试，即先单独称量每一种着色氧化物干粉的重量，再将它们混合在一起。也可以实践前文中介绍的湿法混合，即把预先调配好的铜釉液和金红石釉液各盛一汤匙并混合在一起。向 200 克基础釉中添加 1 克铜和 5 克金红石，在所调配出来的釉料内，铜的占比为 0.5%、金红石的占比为 2.5%。用干法混合做测试时，至少得准备 500 克原料干粉，只有达到这个量才能实现交叉混合。

着色氧化物最适合配制蓝色釉、绿色釉和棕色釉。将两种或者多种氧化物混合在一起使用，可以配制出灰色和黑色。氧化钴和氧化镍的混合物能生成灰色。也可以将三种着色氧化物混合起来使用：将氧化钴、氧化铁和氧化锰，或者将氧化钴、氧化镍和氧化锰混合在一起能生成极其有趣的灰色、蓝色和黑色。由着色氧化物配制的釉颇具通透性和立体感，而由商业陶瓷着色剂配制的釉料外观通常显得比较呆板和干涩。

线性混合和交叉混合亦适用于测试黄色和红色等商业陶瓷着色剂。想要配制橙色釉时，不建议购买橙色陶瓷着色剂，可以尝试将黄色和红色陶瓷着色剂按照不同的比例混合在一起，此方法能让你收获更多奇妙的橙色调釉。把商业陶瓷着色剂和氧化物作以对比，前者的着色能力更弱，其添加量只达到釉料配方总量的 5% 下 10% 时，才能令基础釉呈现出理想的色调。

釉上生花——特殊效果的釉料

## 三轴混合

三轴混合是指把三种颜色的釉料按照不同的比例混合在一起。将位于三角形三个顶点的釉料直接混合在一起；对位于三角形其他位置的釉料而言，则需要借助汤匙或者注射器通过湿法混合。位于顶点处的釉料，每一种需要至少500克，仔细地过滤后倒进容器中，并将三个容器摆放成三角形。用汤匙或者注射器，按照一定的比例（例如20∶80、40∶60）抽取釉液，注入杯子后搅拌均匀，最后通过淋釉法或者浸釉法为试片施釉。

试片出窑后，将它们依序摆放成三角形，并从中选择你喜欢的类型。根据某试片配方内氧化物的百分比等数据，可以计算出该试片上着色氧化物的含量。

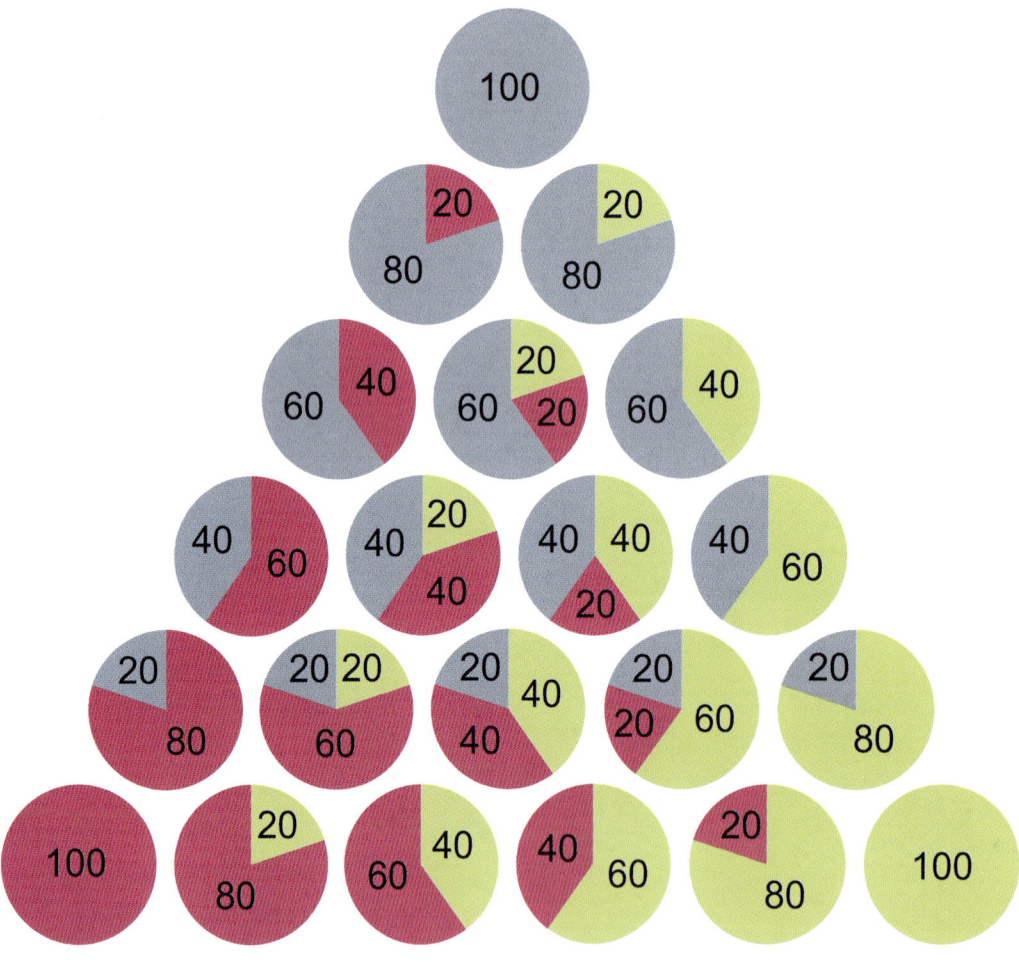

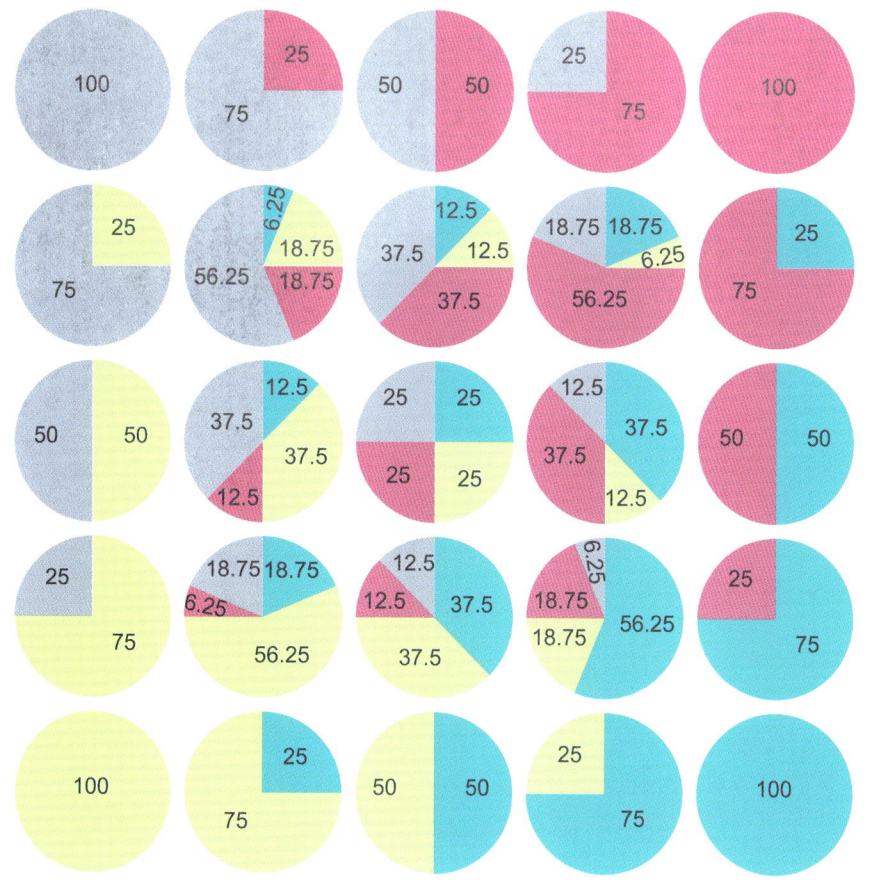

## 四轴混合

用四轴混合法做测试时,既可以将四种原料(如长石、草木灰、黏土和石英)混合在一起调配成釉料,也可以将四种不同颜色的釉料调配成混合颜色釉。将位于四边形四个顶点的釉料直接混合在一起并过滤。对位于四边形其他位置的釉料而言,则需要按照一定的比例混合在一起。最好借助注射器抽取釉液。

## 柯里(Currie)网格测试法

澳大利亚陶艺家伊恩·柯里(Ian Currie)发明了一种7×5的双轴网格测试法,是让釉料配方中的助熔剂和着色剂添加量保持不变,仅改变黏土和二氧化硅的添加量。柯里网格测试法由位于四边形四个顶点的釉料组成:1. 不含黏土或者二氧化硅的基础釉;2. 含有大量黏土(40%高岭土)的基础釉;3. 含有大量二氧化硅(约50%)的基础釉;4. 同时含有大量黏土和二氧化硅(约25%高岭土、40%二氧化硅)的基础釉。将上述四种釉料与水调合并过滤。对位于网格其他位置的釉料而言,则需要按照一定的比例混合在一起,最好借助注射器抽取釉液。

## 测试结果及其记录

妥善记录釉料配方、试片数量和烧成结果。记录测试结果极其重要,日后会用得到。把釉料测试笔记本存放在工作室里最安全的地方。有些陶艺家会在试片上打洞,并把它们悬挂在木板上。你可以将试片固定在储存釉料的桶壁上。

# 7 调配釉液和施釉

当你测试过一些釉料配方，并从中找到了某种最令你满意的烧成效果，就可以大批量地配制该釉料，并将其应用到陶艺作品上了。最简单的施釉方法是荡釉法、浸釉法和涂釉法。但气泡釉的施釉方法比较特殊。采用浸釉法为坯体施釉时，釉液的调配量至少为 5 升至 10 升。我通常是在一个 10 升的带盖桶内调配 7.5 千克釉液。将釉料配方中的数值乘以 75，可得到以克为单位的批次重量。往桶里倒半桶水，仔细地称量釉料配方内的各种成分，并将它们从清单上逐一划掉。最好先添加瓷土或者球土，这样有助于让较重的成分悬浮在水中。假如先添加长石，长石很可能会沉淀在桶底并形成坚硬的沉积层。接下来，静置数小时，然后搅拌均匀并用 80 目的过滤网仔细地过滤三遍。过滤时可能需要额外加些水，才能让釉液顺利地流过网孔。当釉液太过稀薄时，需要将其静置一夜，待次日沉淀后，倒出顶部多余的水。因此，假如条件允许，最好在使用的前一天调配釉液。釉液的最佳浓稠度以介于牛奶和稀奶油之间为宜，但诸如灰釉之类的釉料需要更稠一些。我常常将手伸入桶中搅拌釉液，当我能通过釉层看到手背上的皮肤时，则说明它已处于适宜的浓稠度。需要注意的是，灰釉具有腐蚀性，所以在调配灰釉时必须佩戴橡胶手套。当加入一定量水后，某种釉液的浓稠度达到最佳状态，此时，可以在釉桶上标记液位。日后再次调配该釉料时，以此标记作为参照物。也可以称量 100 毫升釉液并记录其质量，日后再次调配该釉料时，确保其质量与之前记录的数值完全相同。用釉液的重量（以克为单位）除以其体积（以毫升为单位）即可得出釉液的比重，因此，如果 100 毫升釉液重 140 克，即该釉液的比重为 1.4。测出某种釉液的比重值，日后再次调配该釉料时，确保其每一次的浓稠度和施釉层厚度都保持一致。有些陶艺家喜欢借助比重计测量釉液的比重，但我更喜欢按照重量计算其比重。把炻器坯体和瓷器坯体进行对比，前者的施釉层通常更厚一些。绝大多数特殊效果釉料的施釉层也需要厚一些，包括裂纹釉、开片釉、火山釉和油滴釉。坯体外表面上的施釉层厚度以 1 mm 至 3 mm 为宜。

釉液会随着时间的推移逐渐变稠，加水可以令其保持最佳浓稠度。当某种釉液在静置了数周之后仍然过于稀薄时，则可能需要对其做絮凝处理。某些配釉原料，例如霞石正长石，其内部的钠元素会析出至水中，使水变成碱性，进而导致

琳达·布鲁姆菲尔德（Linda Bloomfield）
碗壁上饰以深灰色哑光釉，口沿上饰以具有流动性的亮光釉，拉坯成型

釉上生花——特殊效果的釉料

左图：过滤釉液

右图：检查釉液的浓稠度。这种瓷器釉料极具流动性，施釉时仅需薄薄的一层即可

釉料沉淀在容器底部，并形成坚硬的沉积层。遇到这种情况时，只需在温水中溶解几茶匙泻盐（硫酸镁），并将溶液倒进釉桶内，就能解决上述问题。少量膨润土溶液也能起到类似的作用。相反，假如釉液变成酸性，动物骨灰釉可能会发生这种情况，坯体外表面上的釉层会在干燥的过程中龟裂。遇到这种情况时，可以通过往釉桶中添加抗絮凝剂（例如硅酸钠或者 Dispex 牌分散剂）的方式改善。

## 施釉前的准备工作

先将坯体素烧一遍，炻器的素烧温度为 990℃ 左右，陶器的素烧温度为 1 060℃。有些陶艺家喜欢在未经素烧的坯体上直接施釉，当施釉层出现问题时，素烧允许你洗掉釉层，待坯体彻底干透后再次施釉。假如素烧坯出窑后即刻便施釉，无需做除尘处理。相反，假如素烧坯出窑后在工作室的架子上放了一段时间，施釉前得先用湿海绵将坯体外表面上附着的灰尘擦洗干净。确保坯体彻底干透后再施釉。有些时候，在潮湿的素烧坯上施釉会导致釉面出现针眼状烧成缺陷。

## 荡釉

为陶瓷器皿的内壁施釉，或者当坯体的体量过于大而无法浸釉时，荡釉是最好的选择。为单个作品荡釉之前，以及为多个作品荡釉的间隙，得把釉液彻底地搅拌均匀，否则它极易沉淀在釉桶底部。借助杯子或者长柄勺子从釉桶中盛取釉液，小心地倒入坯体内，旋荡数秒钟，待釉面均匀地覆盖住器皿的内壁后，再将多余的釉液倒出来。借助漏斗为窄颈瓶的内壁施釉。想要在器皿的外壁上施另外一种釉料时，得先用海绵将流至外壁上的前一种釉料擦干净，然后让坯体彻底晾干。为器壁特别薄的坯体施釉时，也得先为其内壁施釉，待坯体彻底干透后再为其外壁施釉。为体量巨大的坯体施釉时，可以将其放在陶艺慢轮上，缓缓旋转慢轮的同时，将釉液倒在坯体的外壁上。

## 浸釉

当需要施釉层特别均匀时，浸釉是很好的选择。为坯体浸火山釉时，需确保釉液已经过充分搅拌，这样做可以防止碳化硅颗粒沉积在釉桶底部。用拇指和食指捏住器皿的口沿和底足，或者借助釉钳夹住器皿的侧壁。先将器皿浸入釉液中，顷刻取出，再把器皿内部多余的釉液倒出来。假如你只想为器皿的外壁施釉，可以用手指撑住器皿的内壁，并将其浸入釉液中，让釉液与器皿的口沿齐平。把浸过釉的坯体摆放在干净的工作台上，待釉面彻底干透后再触碰它。想要为器皿的口沿施釉时，可以将坯体倒扣过来浸釉，或者用毛笔往器皿的口沿上涂釉。当釉液汇集在某一处并凝固成珠状时，借助锋利的刀片将其切削至与周围的釉面等高。需要用毛笔蘸着釉液填补因手指捏握而裸露出坯体本色的地方。

左下图：为杯子浸釉

右下图：先用一张旧卡片刮掉杯底上残留的釉液，再用海绵将杯底彻底擦干净

## 涂釉

往釉液中添加一些羧甲基纤维素（CMC）或者阿拉伯树胶，可以令其更容易涂刷。需要涂两到三层才能获得均匀的釉面。为坯体涂第二遍釉时，我通常会从前次笔触的中间处落笔。除此之外，还能以横竖交替的方式为坯体涂釉。当施釉的面积比较大时，可以使用中国书法毛笔或者日本宽头毛笔。

不想对坯体上的某些区域施釉时，可以借助防蚀蜡、乳胶或者胶带遮盖。但我发现当坯体的底部残留釉液时，可以先用旧卡片刮，再用海绵将其彻底擦干净，便于后续操作。借助拉坯成型法拉制器皿时，我通常会在其底部倒角，以便为日后海绵擦釉预留出整齐的边界。这样做还能有效预防釉料流淌粘板。

适用于施釉的毛笔

釉上生花——特殊效果的釉料

## 喷釉

喷釉的优点是不需要大剂量调配釉液，缺点是需要很多辅助设备：喷釉台、喷枪和气泵。喷釉的过程中需要佩戴口罩。操作时，应将坯体放在转盘上，一边缓慢地旋转转盘，一边往坯体的内壁和外壁上喷釉。

## 气泡釉的施釉方法

气泡釉由釉下彩颜料、水和少量洗洁精混合而成。用吸管匀速吹釉下彩混合溶液，能产生尺寸各异的气泡。气泡釉既适用于干透的坯体，也适用于素烧坯。在气泡中旋转坯体，直至其外表面被气泡覆盖住为止。为平直的泥板施气泡釉时，可以将气泡直接倒在泥板上。采用这种方式为异型坯体施釉时，需要将釉下彩混合溶液调配到奶油般的浓稠度。待装饰面彻底干透后，在其上面覆盖一层透明釉并入窑烧制。

左图：艾玛·阿灵顿（Emma Allington）
将黑色釉下彩颜料、水和洗洁精混合在一起调配气泡釉。艾玛先在干透的坯体外壁上方施气泡釉，素烧出窑后为坯体的内壁施透明釉，釉烧出窑后抛光未施釉的气泡肌理

右图：艾玛·阿灵顿（Emma Allington）
《扭动的柯林斯》
气泡釉瓷器系列作品，灵感来自鸡尾酒杯的形状

## 分层施釉

　　施釉之前，可以先往坯体的外表面上刷釉下彩颜色、着色氧化物或者由着色氧化物调配的化妆土。分层喷涂数种不同的釉料，能获得丰富的视觉效果，例如在深色釉层上罩一层白色釉料，或者在哑光釉层上罩一层流动性较强的釉料。不同的釉层经常会发生反应，产生有趣的外观效果。尝试各种釉料的组合。分层施釉的效果丰富多样，其具体形式取决于哪种釉料位于下层、哪种釉料位于上层。多种釉料分层叠摞后可能会变得很厚，所以正式用它们装饰坯体之前，必须先试烧，以了解其流动性。把试片摆放在试烧架上或者黏土托盘内试烧。当你想要特别厚的釉层时，先往坯体的外表面上施一层釉，然后将其放入窑中素烧，待出窑后再施另外一层釉。

# 8 烧成

陶瓷制品通常需要经过两次烧成。这两种烧成方式被称为素烧和釉烧。坯体制作完成后，需放至彻底干透后再入窑烧制。第一种烧成方式，即素烧应缓慢进行，以便预留出足够的时间让坯体内残留的水分蒸发掉。对于半干的坯体而言，最好先将其加热到80℃，并保温烧成数小时，直到窑炉上的观火孔内不再有水蒸气冒出来为止。然后，以缓慢的速度（60℃/h）提升窑温，直至550℃为止，黏土中的化学结合水会在此阶段彻底排尽。当窑温达到573℃时，黏土中的石英结晶体积会增加1%。此时升温过快会导致坯体炸裂。此阶段过后，可将升温速度提升到100℃/h。黏土中的有机物、硫和氟会在烧成温度介于700℃至900℃时燃烧殆尽。素烧温度通常为1 000℃左右。素烧坯体的强度足以承受端拿移动和施釉。

将施过釉的坯体放回窑炉中，确保所有坯体底部残留的釉液已被彻底擦干净，且坯体之间留有间隙。烧成初期的升温速度宜慢不宜快，以便让釉层中残留的水分彻底蒸发掉，避免在坯釉结合处生成水蒸气，进而将釉层吹破。当窑温达到500℃时，诸如黏土和轻质碳酸镁等配釉原料中的成分会被排出。当窑温介于600℃至800℃时，诸如白云石和碳酸钙等碳酸类物质会释放出二氧化碳。当窑温达到900℃时，釉料开始熔融并与坯体相熔合。当窑温超过1 000℃时，碳化硅会分解为二氧化硅和二氧化碳，进而在釉面中生成气泡和凹坑。当窑温介于1 025℃至1 232℃时，氧化铜、氧化锰和氧化铁会释放出氧气。氧气泡穿越釉层时，会令某些釉料呈现出油滴般的肌理，具体情况取决于釉料的熔融温度。在烧窑的过程中，釉料和黏土中的氧化物需要一定的时间才能熔融并相互作用。达到峰值温度后最好保温烧成30分钟左右，以便让釉料完全成熟。

烧成结束后，让窑炉自然降温，对于结晶釉而言，则需要在窑温达到1 060℃时保温烧成数小时，以便于晶体生长。当窑温降至573℃和226℃时，坯体中的石英和方石英（二氧化硅的两种形态）会收缩并发生转化现象，假如此刻有冷空气流入窑炉中的话，就会对坯体形成应力，进而导致坯体炸裂。在窑温降至100℃之前，不得打开窑门。

烧成温度通常由安装在窑炉内部的热电偶进行测量。但值得注意的是，仅靠热电偶测得的数据并不一定精确，最好结合测温锥以监测窑炉内部的热功。把三个测温锥以略微倾斜的角度嵌入一块黏土中。位于中间的测温锥被称为目标温度锥，位于左侧的测温锥会在稍低的温度下熔融弯曲，位于右侧的测温锥会在稍高的温度下熔融弯曲，以防止过烧。当中间的测温锥达到预定的烧成温度时，它会熔融弯曲，直至其顶端接触到底部。在烧窑的过程中（需在装窑时仔细地斟酌其

烧阶梯窑。钠的挥发物和灰烬随着火焰穿过窑室，与坯体的外表面接触后，生成橙褐色的斑纹和玻璃状的釉珠

釉上生花——特殊效果的釉料

摆放位置），以及在降温的过程中，通过观火孔观察测温锥的熔融弯曲状态，以便于将特定烧成节点的窑温记录下来。测温锥熔融弯曲既取决于烧成时间，也取决于烧成温度，因为在较低窑温下长时间烧成和在较高窑温下短时间烧成，二者产生的热功相等。适用于炻器釉料的测温锥为10号测温锥（1 280℃）、8号测温锥（1 260℃）或者6号测温锥（1 240℃）。有些陶艺家喜欢用较低的温度烧窑，这样做能有效延长电窑元件的使用寿命。

左图：烧成前和烧成后的测温锥。在这一组测温锥中，只有左侧的7号测温锥烧至成熟了，其顶端已接触底部

对页图：约翰·巴特勒（John Butler）正在往他的阶梯窑内添柴

## 氧化气氛和还原气氛

用电窑烧制陶瓷制品时，黏土和釉料中的氧化物能摄取足量的氧，进而可以保持氧化状态，例如，氧化铁仍生成黄褐色或者棕色。用气窑烧制陶瓷制品时，空气的供应量可能会受到限制，燃料会因缺氧而无法充分燃烧，窑炉内部形成还原气氛，进而导致坯体和釉料中的氧被抽出。坯体和釉料中的红色三氧化二铁被还原为黑色四氧化三铁，这也是青釉和黑色天目釉的由来。坯体的颜色转变为灰色，坯体和釉料之间的相互作用更加活跃，由铁元素生成的斑点渗入釉面中。

有些特殊效果的釉料，例如火山釉和油滴釉，需要在氧化气氛下烧制。但值得注意的是，用电窑烧制陶瓷制品时，往釉料配方内添加诸如碳化硅粉末之类的还原剂，也能实现局部还原效果。这种方法只能让釉料中的氧化物被还原，而坯体仍会保持氧化状态。

# 9 釉料的烧成"缺陷"

被某位陶艺家视为烧成缺陷的釉面效果，或许正是另一位陶艺家追求的效果，这就是"普通"釉料和特殊效果釉料的共同点。例如，当釉料的收缩率明显高于坯体的收缩率时，在出窑的过程中，釉面就会出现龟裂现象，并伴有细微的叮当声。这就是所谓的裂纹釉。这种釉料不适用于装饰日用陶瓷餐具，但某些陶艺家会用它装饰陈设型陶瓷作品。如果不想让釉面龟裂，可以往釉料配方内添加低膨胀率原料，例如二氧化硅或者滑石（硅酸镁）。相反，如果想要着重展现釉面上的裂纹肌理，可以往釉料配方内添加高膨胀原料，例如霞石正长石。

与釉面龟裂相反的现象被称为"脱釉"，偶尔会被视为陶瓷作品的特殊效果。其原理是釉料的收缩率明显低于坯体的收缩率，在降温的过程中，器皿把手和口沿处的釉面与坯体相脱离，特别严重时甚至会让坯体裂成两半。这种现象的破坏力非常严重，可以通过添加钠和钾等高膨胀率原料（包括霞石正长石和高碱熔块）改善之。除此之外，降低釉料配方内的二氧化硅含量亦能起到类似的作用。

开片也是一种釉料烧成缺陷，有时也会被视为一种特殊效果。假如施釉层过厚的话，那么釉面就会在干燥的过程中出现开片现象。可以通过降低施釉层的厚度，或者减少干燥收缩率较高的原料（例如黏土和氧化锌）的添加量来改善。在釉料熔融的过程中，其配方内的某些原料会因表面张力过高而收缩凝聚成珠状，釉珠之间会暴露出坯体的本色。这类原料包括氧化锆和氧化锡，它们是常见的釉料乳浊剂，能令釉料的发色偏白。当素烧坯体的外表面上附着油脂或者粉尘时，也会导致釉面开片。为了避免这种情况，在施釉之前，可以先用湿海绵将坯体彻底地擦洗干净并晾干。

其他釉料烧成缺陷大多是因欠烧或者过烧造成的。欠烧会导致釉面上出现针眼状肌理，而过烧会导致釉面起泡。在潮湿的坯体上，或者过烧的素烧坯体（过烧会令坯体内的孔洞数量减少）上施釉，也会导致釉面上出现针眼状肌理。可以通过降低素烧的温度来改善。在窑温达到峰值温度后采取保温烧成能有效避免针眼现象。在把坯体放入窑炉中烧制之前，先将干透的釉面轻轻地擦拭一遍，也能改善针眼问题。釉面起泡时，可以将其打磨掉并复烧。施釉层过厚也会导致釉面出现开片、针眼和起泡等现象。

琳达·布鲁姆菲尔德（Linda Bloomfield）
由裂纹灰釉装饰的炻器器皿，电窑烧至1 280℃（9号测温锥）

釉上生花——特殊效果的釉料

釉面上出现裂纹、开片、起泡和针眼

## 釉料及其特殊效果调整综括

### 营造特殊效果（或称"缺陷"）

- 想要强化釉面上的裂纹肌理，可以用钠长石或者霞石正长石代替钾长石，或者减少5%二氧化硅的添加量。
- 想让釉面开片，可以用轻质碳酸镁代替白云石，并增加施釉层的厚度。
- 想要强化釉面上的针眼肌理，可以把素烧坯体打湿后再施釉。
- 想让釉面起泡，可以在哑光釉或者基础釉的配方内添加2%的碳化硅和5%的二氧化钛。

### 避免特殊效果（或称"缺陷"）

- 不想让釉面出现裂纹肌理，可以往釉料配方内添加5%的二氧化硅或者滑石。
- 不想让坯体和釉面相脱离，可以往釉料配方内添加5%的霞石正长石，或者将二氧化硅的添加量减少5%。
- 不想让釉面出现开片肌理，可以降低施釉层的厚度，减少黏土的添加量，或者用湿海绵将素烧坯体彻底地清洁干净。
- 想让釉面上的针眼愈合，可以在烧窑尾声（达到峰值温度后）保温烧成15分钟至30分钟。
- 不想让釉面起泡，可以降低烧成温度，或者降低施釉层的厚度。

下图：釉面上的针眼
摄影师：费伊·德·温特（Fay De Winter）

对页：
左上图：霍利斯·恩格利（Hollis Engley）
《开片小杯》
拉坯成型的炻器，所使用的坯料名为新卡托巴（New Catawba），其制造商为星工场陶艺用品公司（STARworks Ceramics），分层饰以灌木灰釉和志野化妆土，在罗斯·埃森·道森（Rose Esson Dawson）的柴窑中烧制

右上图：艾米库珀（Amy Cooper）
《海胆灯》
注浆瓷器，打孔装饰，具有收缩和开片特质的釉料配方内含有轻质碳酸镁

下图：简·莱文·卡多根（Jan Lewin Cadogan）
拉坯成型的炻器，分层饰以火山釉和钡基釉料

71

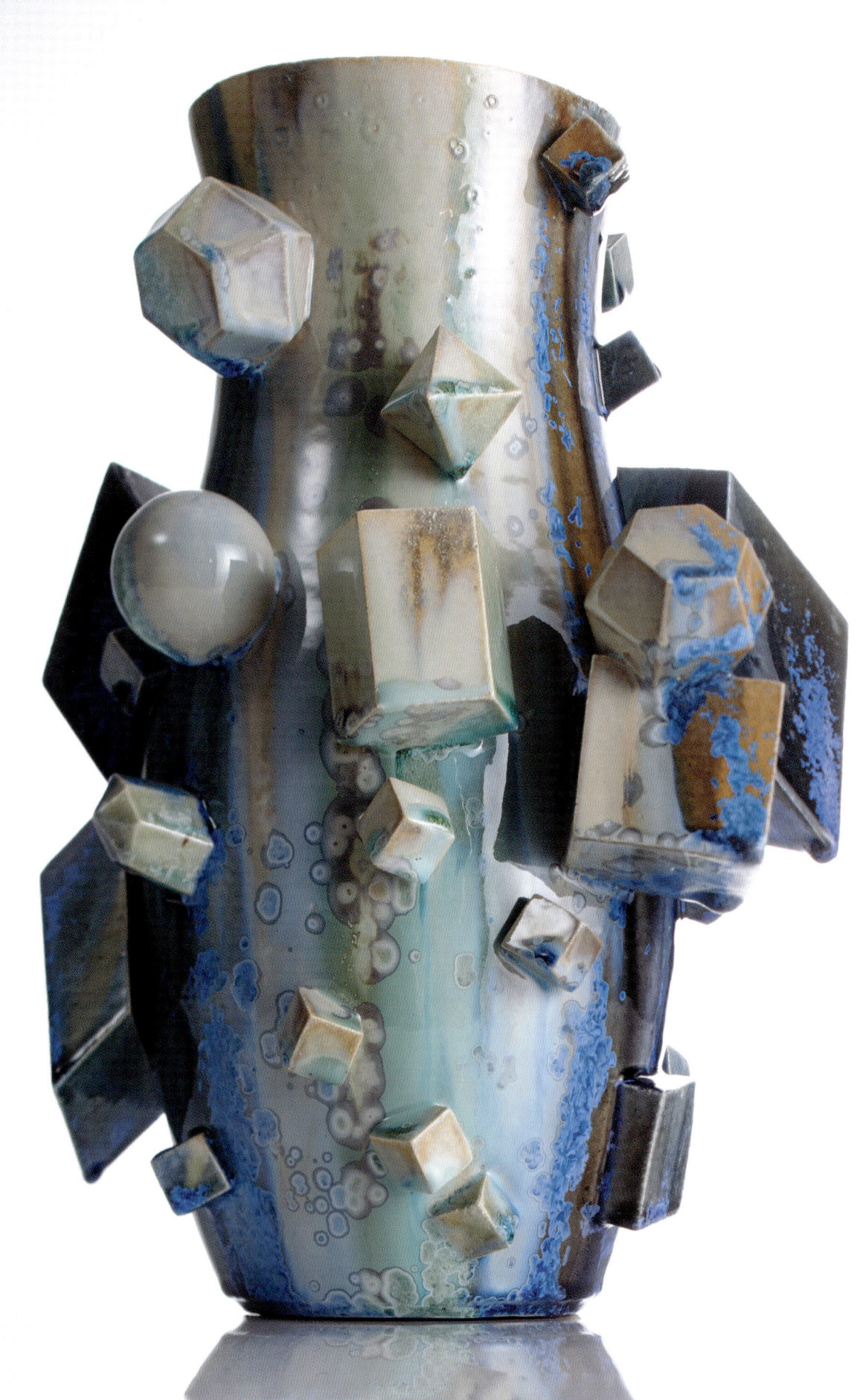

# 第二部分
## 特殊效果釉料

凯特·马龙（Kate Malone）《一对条纹熔岩花瓶》，2018年结晶釉瓷器，釉料呈条纹状，从左至右分别为氧化铜、氧化镍和氧化钴，图片由伦敦的阿德里安·沙逊（Adrian Sassoon）提供

摄影师：西尔万·德鲁（Sylvain Deleu）

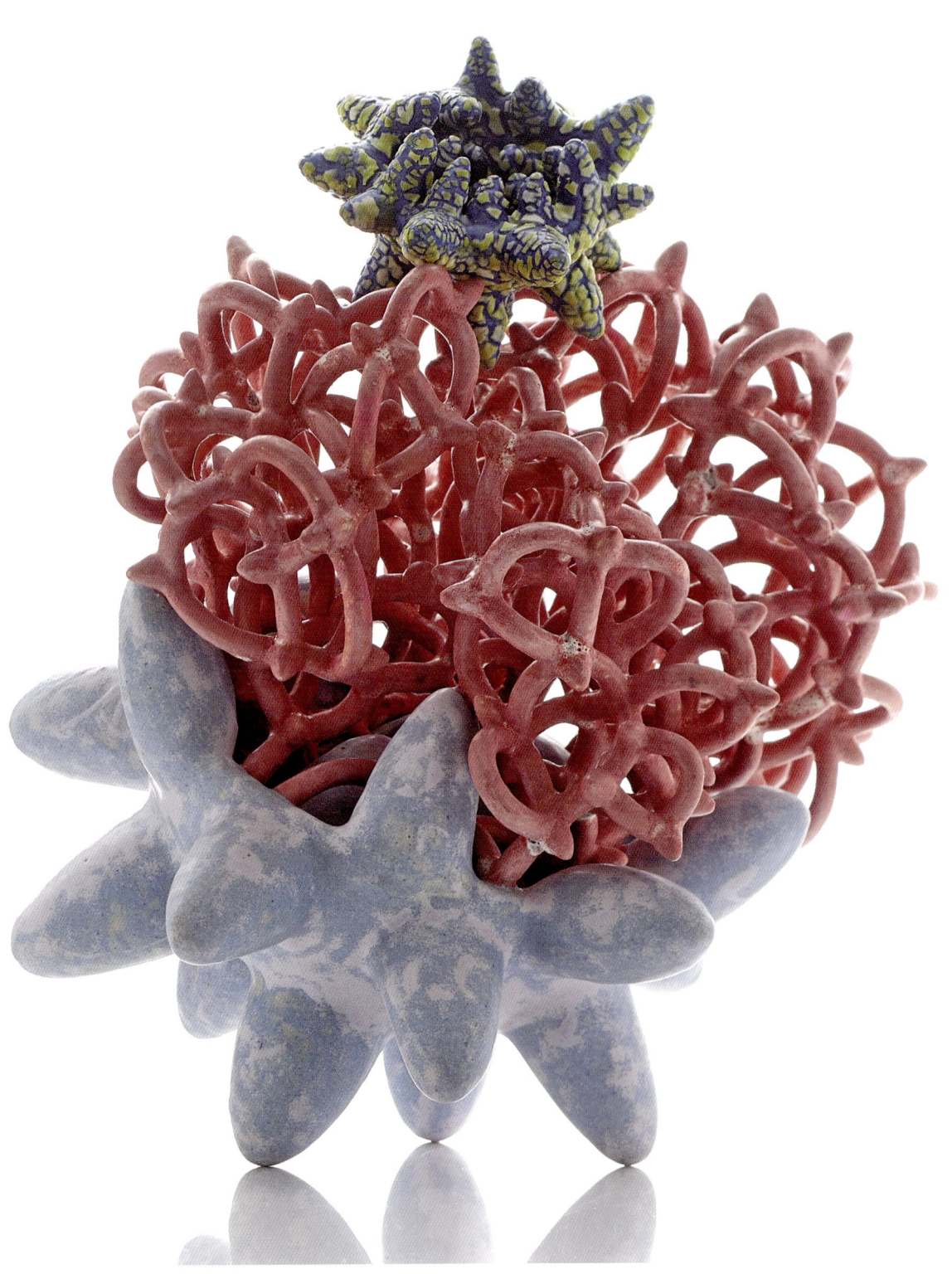

# 10 特殊效果：化学反应

釉料由三种主要成分组合而成：作为玻化剂的二氧化硅、辅助二氧化硅熔融的助熔剂，以及源自黏土的氧化铝。后者可以起到稳定剂的作用，它能使熔融的釉液凝结变硬，失去流动性。在前文有关釉料稳定性和持久性的章节中，我们了解了如何选择助熔剂，以及不同的助熔剂组合会对釉料的稳定性造成何种影响。本章将详细介绍二氧化硅与氧化铝的不同比例会如何影响釉料的性能，最终让釉面呈现出亮光、哑光或者结晶效果。

## 斯塔尔（R. T. Stull）的特殊效果线图

正式研究特殊效果釉料之前，让我们先来看看性能良好的亮光釉是何种状态。这幅图展示了二氧化硅与氧化铝之间的关系（釉料线图1）。光泽度最高的釉料位于虚线上，其配方内的氧化铝和二氧化硅的比例为1:8（在分子式中，用二氧化硅的分子数除以氧化铝的分子数，得数为8）。1:8是二氧化硅和氧化铝的共熔混合物的比例，是具有最低熔融温度的特定组合。

对页图：泰莎·伊斯曼（Tessa Eastman）
《授粉生物 I 和 II》，2016 年
尺寸：30 cm × 30 cm × 31 cm，私人收藏
摄影师：西尔万·德鲁（Sylvain Deleu）

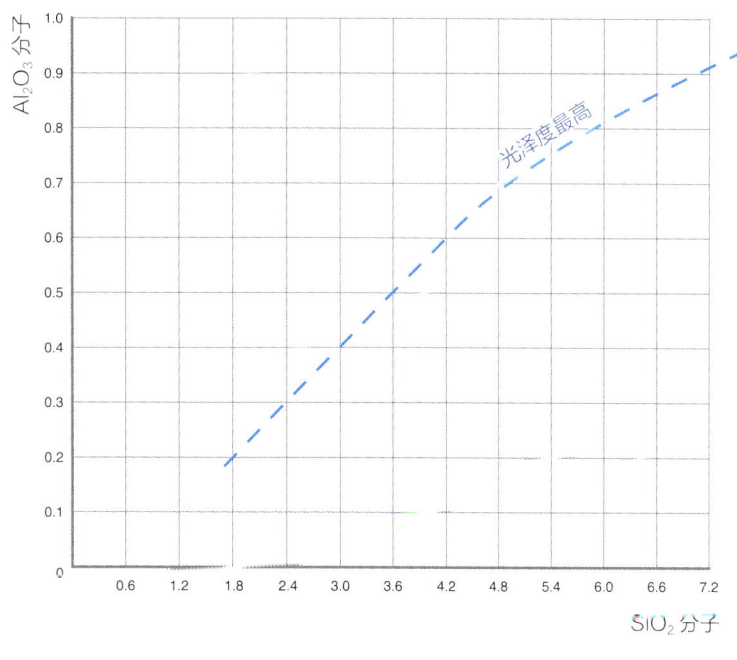

釉料线图 1

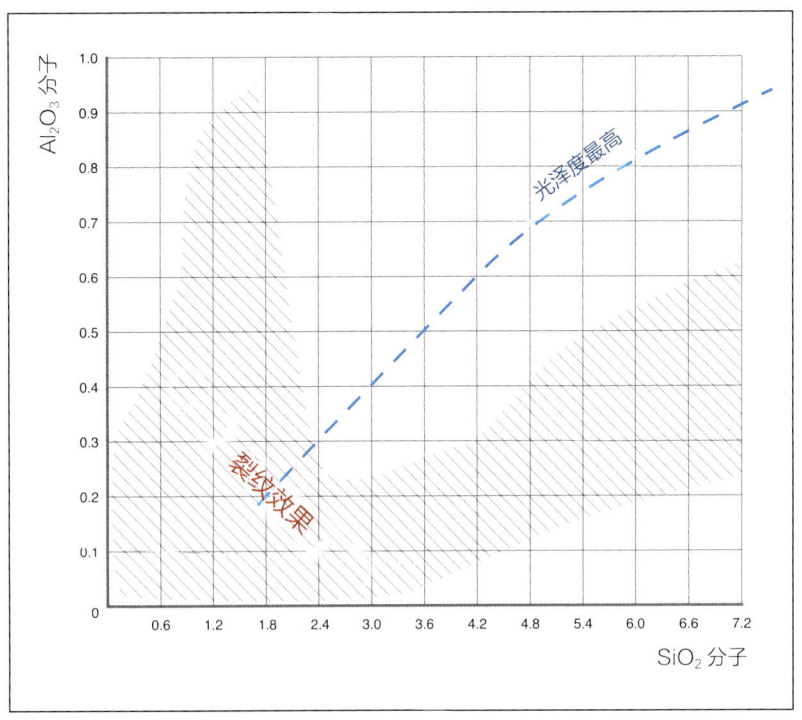

釉料线图 2

1912年，斯塔尔（R. T. Stull）用助熔剂钾和钙的分子比为 0.3∶0.7 的釉料做实验，由测试结果得出此图。用这种釉料装饰配方内包含助熔剂、二氧化硅和氧化铝的瓷器坯体时，釉面上会出现裂纹，见阴影区域（釉料线图 2）。

当釉料的膨胀率高于坯体的膨胀率时，釉面上会出现裂纹。换言之，线图中阴影区域的釉料配方内二氧化硅和/或氧化铝占比过低，无法抵御助熔剂氧化钾的高膨胀系数，进而导致釉面龟裂。

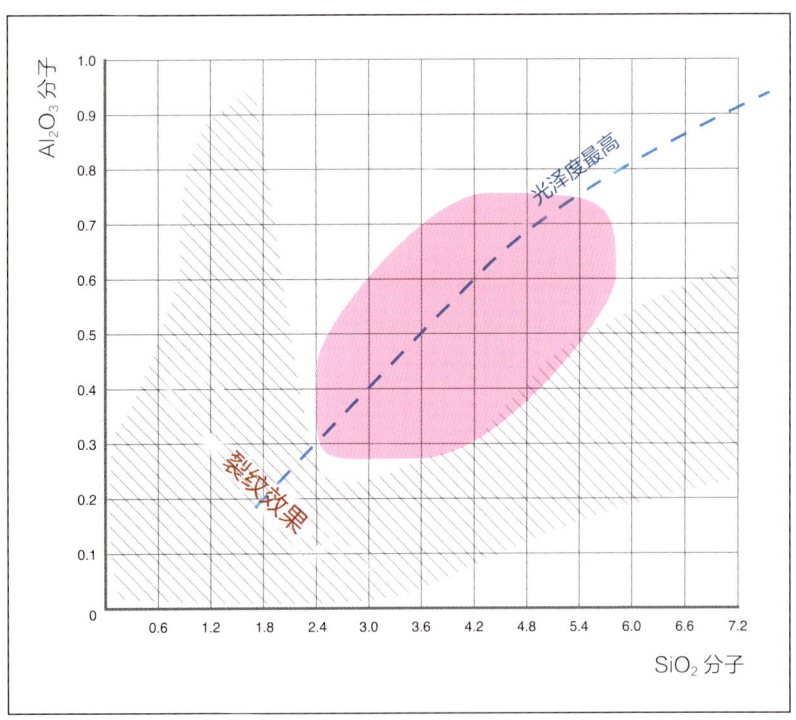

釉料线图 3

釉料线图 3 中的粉红色区域，展示了用 5 号测温锥至 8 号测温锥的熔点温度（此温度区间适用于电窑烧成）烧窑时，所有效果较稳定的釉料（摘录自伊曼纽尔·库珀和德里克·罗伊尔于 1984 年所做的实验数据）。这些特性稳定的釉料通常具有极好的光泽度，且釉面上无裂纹。

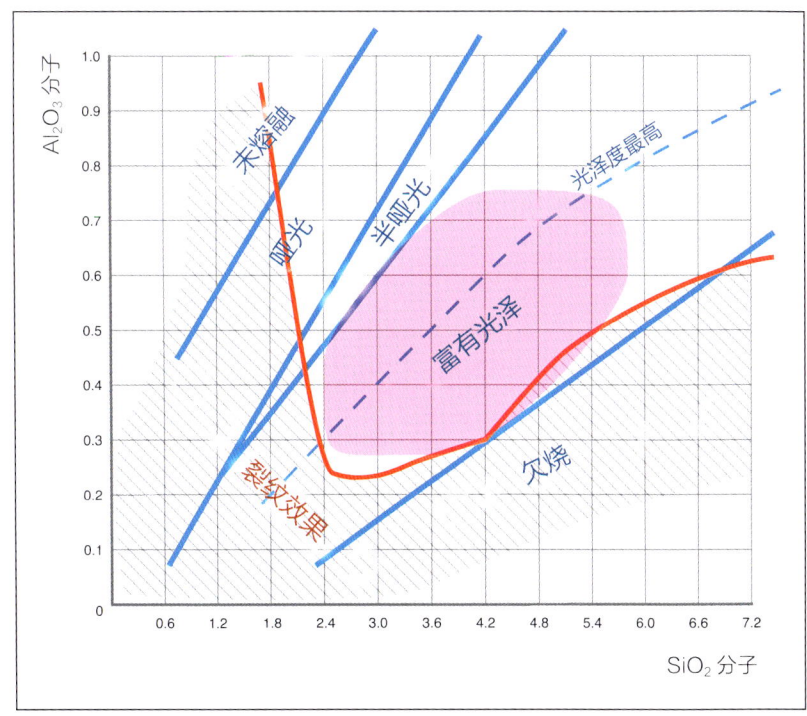

釉料线图 4

釉料线图 4 中增加了几条蓝色的实线,它们分别代表哑光釉(配方内氧化铝和二氧化硅的比例为 1∶4)、半哑光釉(配方内氧化铝和二氧化硅的比例为 1∶5),以及由于配方内的氧化铝或二氧化硅含量过高而未充分熔融的釉料。斯塔尔(R. T. Stull)用 11 号测温锥的熔点温度烧制瓷器坯料,由测试结果得出上述数据。需要注意的是,此线图亦适用于其他坯料和烧成温度,但前提是得往釉料配方内添加足量的硼,以满足釉面熔融之需(烧成温度为 6 号测温锥的熔点温度时,氧化硼的占比需达到 0.15)。

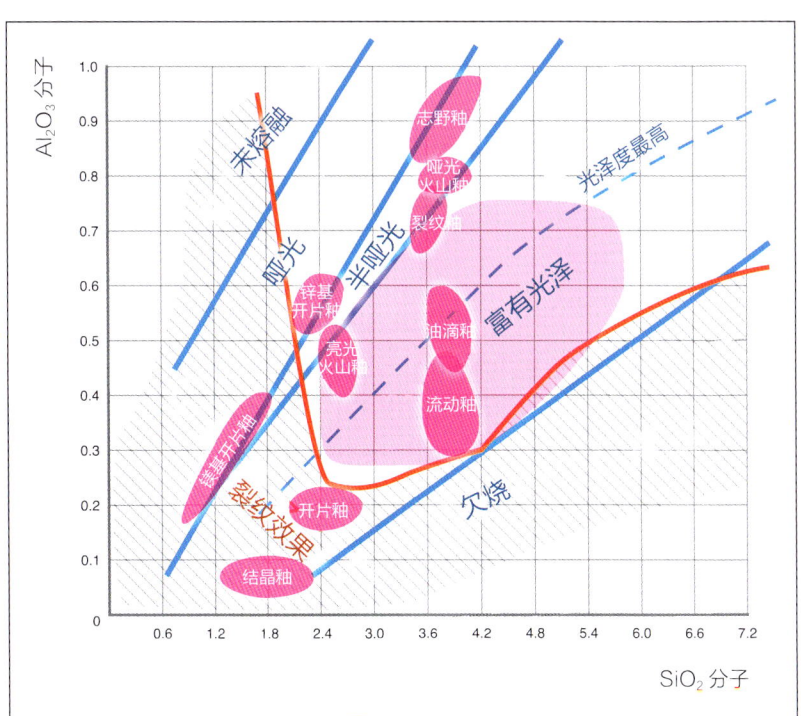

釉料线图 5

最后,让我们看看线图上各种特殊效果釉料所在的区域(釉料线图 5)。常规的日用陶瓷釉料通常以特性稳定、光泽度好和釉面无裂纹为标准,而特殊效果釉料则往往超越了此番界限。本书将探索多种特殊效果釉料,请观察它们在线图上的位置。

对此图的解读详见第一部分 1 认识釉料

釉上生花——特殊效果的釉料

　　裂纹釉和结晶釉配方内的二氧化硅和氧化铝含量较低，而开片釉和志野釉配方内的氧化铝含量通常较高。火山釉（或称熔岩釉）的釉面通常呈具有黏稠质感的半哑光状，其配方内的氧化铝含量适中，添加碳化硅是导致气体挥发的一个重要因素。相比之下，釉面流动性较大，甚至会出现垂釉现象的釉料，其配方内的氧化铝含量相对较低，釉面熔融后的黏稠度亦很低。油滴釉的流动性大于火山釉的流动性，油滴状斑点的形成有赖于气体挥发。绝大多数油滴釉的配方内含有6%至10%的氧化铁，氧化铁会在炻器烧成温度下排放氧气。五氧化二钒、二氧化锰和氧化铜也会在高温烧成环境中排放氧气，上述物质均适用于配制带有斑点肌理的釉料。

　　斯塔尔（R. T. Stull）特殊效果线图并不能展示所有信息（例如碳化硅的作用），但可将其视为辅助工具，借以思考各种特殊效果之间的关系及配釉成分发生变化后会对釉料的烧成效果造成何种影响。

**左图和右上图**：泰莎·伊斯曼（Tessa Eastman）
《授粉生物 I 和 II》，2016 年
尺寸：30 cm×30 cm×31 cm，
私人收藏
摄影师：西尔万·德鲁（Sylvain Deleu）

10　特殊效果：化学反应

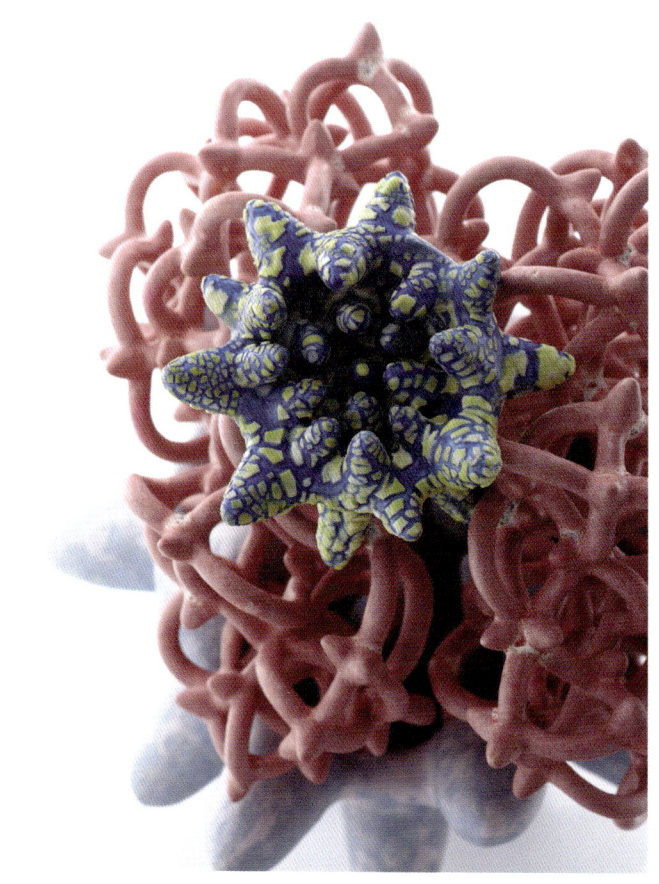
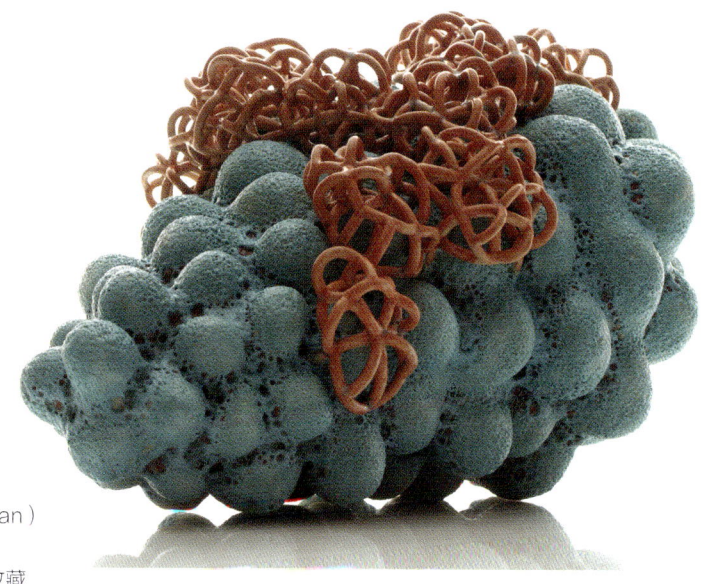

右下图：泰莎·伊斯曼（Tessa Eastman）
《不断萌芽的云》，2017 年
尺寸：60 cm × 40 cm × 35 cm，私人收藏
摄影师：西尔万·德鲁（Sylvain Deleu）

79

# 11 裂纹釉

从技术方面讲，釉面上出现裂纹是一种问题，此时釉层对于坯体而言太小了。在降温的过程中，釉层比坯体收缩得多，进而将釉面扯裂成细密的网络状。釉面龟裂可能会持续数周甚至数月之久，尤其是当温度突然发生变化时，例如将陶瓷制品放入烤箱中烘烤或者放入洗碗机内洗涤时。远东的陶工很喜欢用裂纹釉装饰陶瓷制品，但釉面龟裂会大大地削弱坯体的强度，将其和没有裂纹釉装饰的陶瓷制品相比，前者更容易破损。陶器的釉面龟裂会导致坯体渗水，因为陶器坯体即便经过烧制也仍然具有多孔特性，水会顺着坯体上的孔洞渗透出来。釉面上的裂缝内极易藏污纳垢和细菌，因此并不适用于装饰日用陶瓷制品，特别是陶器。裂纹釉配方内的钠含量通常很高，其化学性质可能不太稳定（即无法抵御食物中的酸或者洗碗机内碱性皂液的侵蚀）。为了避免上述问题，有些陶艺家会在作品的内壁上饰以不同的釉料，但这种做法亦值得注意——不同的釉料具有不同的膨胀率，可能会导致坯体破裂。

当釉料的热膨胀率高于坯体的热膨胀率时，釉面就会龟裂。当釉料和坯体的膨胀率相差悬殊时，二者的匹配度很差，会导致釉面龟裂。龟裂的程度取决于坯体和釉料之间的应力或者匹配度差异。釉面龟裂意味着它无法延展，因此才形成网络状裂缝以抵御应力。釉面龟裂会持续很长一段时间，这也是出窑时能听到陶瓷制品发出叮当声的原因。可以通过往配方内添加高膨胀原料来配制裂纹釉。此类原料包括钠长石、霞石正长石和高碱性熔块。中国的官窑裂纹釉和冰裂纹釉极具代表性，施釉层厚，进而在釉面上形成深深的网络状图案。

## 如何在不改变釉料外观的情况下调整裂纹的形态

首先，让我们通过如何防止釉面龟裂来了解裂纹釉。在了解如何减少或者增加裂纹肌理的同时，我们还将学习如何配制裂纹釉。

### 添加二氧化硅和黏土

防止釉面龟裂的方法有很多种。但只改变一种配釉原料会导致釉料的外观随之发生变化，变得更加光亮或者失去光泽度。一种可靠的方法是将二氧化硅（亦称燧石或者石英）和黏土的添加量按照1.25∶1的比例同时增加。此比例源自斯塔尔（R. T. Stull）于1912年在美国进行的一系列瓷器釉料测试。该测试针对不同的氧化铝和二氧化硅添加量，会对釉料造成何种影响。测试结果表明，当氧化铝和二氧化硅的分子比例为1∶5时，可以配制出哑光釉，而当二者的分子比例

乔·汤普森（Joe Thompson）《旧福奇（Old Forge）生物》拉坯成型的炻器餐具，在蓝色化妆土上罩一层冰裂纹釉，6号测温锥，直径：12 cm，釉料配方参见后文相关内容

釉上生花——特殊效果的釉料

为1∶8时，则能配制出亮光釉。氧化铝存在于黏土中，将黏土添加到釉料配方内，可使熔融的釉液在降温的过程中凝固变硬，防止其流淌粘板。黏土内同时含有二氧化硅和氧化铝，氧化铝和二氧化硅的分子比例为1∶8，转换之后可得出黏土与二氧化硅的重量比为1∶1.25。想要改变釉料的配方时，请添加1%的黏土和1.25%的二氧化硅，直至釉面上的裂纹消失为止。对照斯塔尔（R. T. Stull）特殊效果线图，这样做是沿着图中的蓝色虚线移动，从裂纹区域穿过红线后进入光滑的、不龟裂的区域。需要将百分比乘以总重量；例如，往100克釉料干粉中，添加1克瓷土和1.25克石英，加水调和并过滤后在坯体上做测试，观察釉面上的龟裂纹是否有所减少。如果没有，可以将添加量上调至4克黏土和5克二氧化硅，然后再测试。黏土和二氧化硅的添加量越多，釉面上的龟裂纹越少。试片的面积通常都不大，很难观察到裂缝，所以可以在大碗或者盘子上做测试。施釉层的厚度也会对釉面龟裂造成影响。降低施釉层的厚度或者增加釉液中水的占比都能有效减弱釉面的龟裂程度。但刚好相反，我们想配制具有特殊效果的釉料，想让釉面龟裂，所以为了达到这一目的，得反向操作，即减少釉料配方内二氧化硅和黏土的添加量，或者增加施釉层的厚度。

对页图：琳达·布鲁姆菲尔德（Linda Bloomfield）制作的杯碟套装，饰以具有流动性的无裂纹绿松石色釉，8号测温锥

斯塔尔（R. T. Stull）特殊效果线图的取材样本为瓷器釉料，烧成温度为11号测温锥的熔点温度，助熔剂的含量保持0.3份氧化钾和0.7份氧化钙不变。将氧化铝和二氧化硅的分子比提升至1∶8时，可以将釉料从裂纹区域（b）转移到高光无裂纹区域（a），反之亦然。高光裂纹釉位于左下角，半哑光冰裂纹釉位于氧化铝与二氧化硅的分子比为1∶5的直线上。线图中的数字对应后文中收录的釉料。当氧化铝和二氧化硅的分子比为1∶5时，可以生成半哑光效果的釉面，当二者的分子比为1∶8时，可以生成富有光泽的釉面。图中的直线分别展示了氧化铝与二氧化硅的分子比为1∶4（哑光）、1∶5（半哑光）和1∶12（光泽度极佳）时所能生成的釉面效果。虚线展示了氧化铝与二氧化硅的分子比为1∶8时，所能生成的釉面效果（光泽度最高）。数据摘录于斯塔尔（R. T. Stull）于1912年所做的釉料测试结果。线图由亨利·布鲁姆菲尔德（Henry Bloomfield）绘制。感谢陶瓷材料工作室的马特·卡茨（Matt Katz）

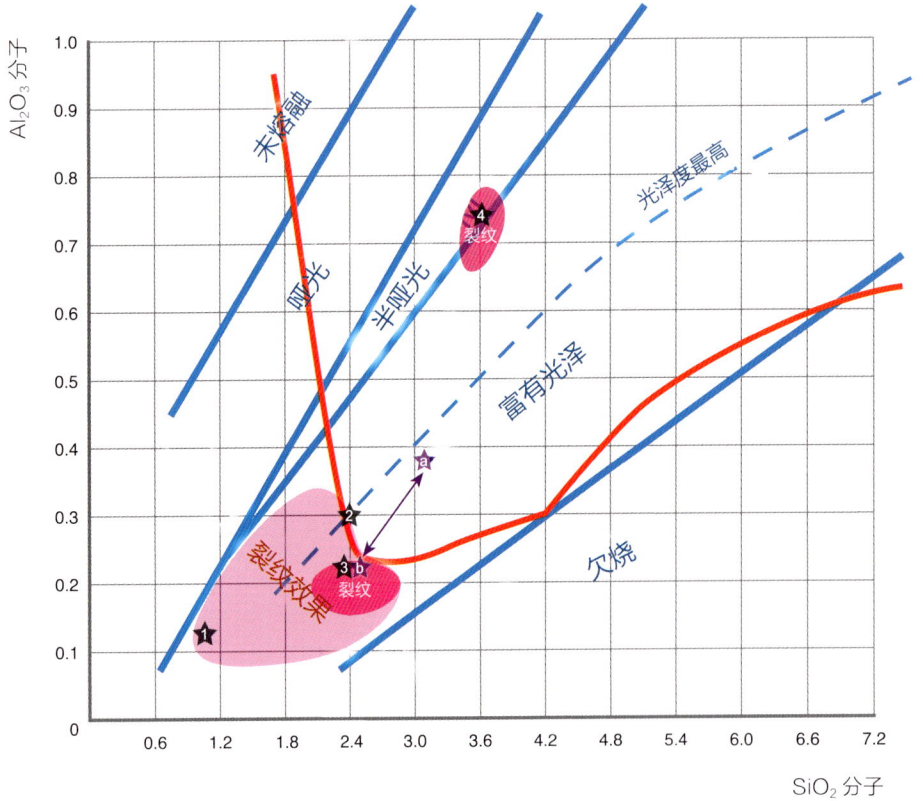

11 裂纹釉

**a** 具有流动性的无裂纹绿松石色釉，6号至8号测温锥（1 240℃至1 260℃）

此釉料（a）位于斯塔尔（R. T. Stull）特殊效果线图上的亮光釉区域（$Na_2O$ 0.25、$CaO$ 0.75、$B_2O_3$ 0.38、$Al_2O_3$ 0.38、$SiO_2$ 3.1）

钠长石 47
硼酸钙熔块 16
碳酸钙 14
瓷土 5
石英 18
＋
氧化铜 1

釉料配方的编号与对面页斯塔尔（R. T. Stull）特殊效果线图上的编号一一对应

**b** 高碱性绿松石色裂纹釉，6号测温锥（1 240℃）（非食品安全级）

此釉料（b）位于斯塔尔（R. T. Stull）特殊效果线图上的裂纹区域（$Na_2O$ 0.7，$CaO$ 0.3，$Al_2O_3$ 0.23，$SiO_2$ 2.5）

钠长石 15
高碱性熔块 47
碳酸锂 2
碳酸钙 6
石英 18
瓷土 10
＋
氧化铜 2

**4** 官窑（冰裂纹）裂纹釉，6号测温锥（1 240℃）

对应斯塔尔（R. T. Stull）特殊效果线图上的4号釉料（施釉层较厚）

霞石正长石 80
碳酸钙 5
硼砂熔块 15
＋
膨润土 2

### 添加助熔剂

往釉料配方内过量添加二氧化硅和黏土可能会导致釉面看起来欠烧、干涩、无光泽。另外一种防止釉面龟裂的方法是，往釉料配方内添加低膨胀率助熔剂，例如滑石（硅酸镁）。氧化镁和二氧化硅的膨胀率较低，它们能降低釉料在冷却过程中的膨胀率和收缩率，对防止釉面龟裂大有裨益。滑石比白云石更适宜，白云石内同时含有氧化镁和氧化钙，后者的膨胀率相对较高（尽管低于钠或者钾）。后文以膨胀率递减的顺序列出了多种助熔剂，顶部为高膨胀率原料，底部为低膨胀率原料，可以从中选择最适宜的低膨胀率助熔剂添加到釉料配方内。对于炻器釉料而言，可以添加5%的滑石或者氧化锌。但值得注意的是，这些助熔剂可能会对铬绿色釉和

琳达·布鲁姆菲尔德（Linda Bloomfield），由流动性绿松石色釉装饰的瓷碗，8号测温锥，长石成分发生变化进而导致釉面龟裂

铬锡红色釉造成影响。对于陶器釉料而言，可以往其配方内添加含硼助熔剂。硼的膨胀率非常低，以硼酸钙熔块（或者硬硼钙石）的形式添加入釉是个不错的选择。诸如硅酸锆和氧化锡等乳浊剂和着色氧化物，亦有助于降低釉面的开裂程度。

**高膨胀率**

▲ 氧化钠（存在于霞石正长石和高碱性熔块中）
　氧化钾（存在于钾长石中）
　氧化钙、氧化锶
　氧化钡
　氧化钛、氧化铅
　氧化锂（存在于碳酸锂和锂辉石中）
　氧化锌
　氧化镁（存在于滑石）
　氧化锡、氧化锆
　氧化铝（存在于黏土中）
　二氧化硅
　氧化硼（在硼酸钙熔块中）

**低膨胀率**

　　但值得注意的是，往釉料配方内添加助熔剂通常会提升釉料的流动性。可以重新配制釉料，降低长石等高膨胀率原料的添加量，或者用低膨胀率原料代替高膨胀率原料，例如用锂长石代替钠长石，用硼酸钙熔块代替高碱性熔块。每次最好只更换一种原料，这样可以让人清楚地了解到每种原料对釉料的影响。另一方面，当我们想让釉面龟裂时，可以往其配方内添加高膨胀率助熔剂，例如霞石正长石或者高膨胀率熔块，例如高碱性熔块（或者费罗牌 Ferro3110 号熔块）。增加助熔剂的添加量和降低黏土及二氧化硅的添加量，这两种做法所起到的效果相同。当釉料配方内的长石或者霞石正长石 ≥ 50% 时，釉面可能会龟裂。官窑冰裂纹釉是一种半哑光釉，其配方内的主要成分为霞石正长石，施釉层的厚度非常厚（参见前文相关配方）。对照斯塔尔（R. T. Stull）特殊效果线图，此类半哑光冰裂纹釉位于氧化铝与二氧化硅的分子比为 1∶5 的直线上，而二氧化硅和氧化铝含量较低的高光裂纹釉则位于左下角区域。

在瓷器试片上刷一层高碱性釉料和氧化铜，并进行双轴网格测试。二氧化硅的添加量由左至右从 0 至 50% 依次递增。黏土的添加量由底部至顶部从 0 至 40% 依次递增。高碱性助熔剂（$Na_2O + K_2O + Li_2O$ 0.7，$CaO$ 0.3）的添加量始终保持不变。唯一一个釉面未开裂的试片位于中间行，左数第 4 个（高岭土 14，二氧化硅 34）。有趣的是，随着黏土的添加量不断提升，铜从绿松石色转变成了绿色，这也是透明绿松石色釉经常龟裂的原因。此网格测试由梅·鲁克（May Luk）和伦敦陶艺釉料集团的成员共同完成

### 改变坯料或者烧成温度

如果想让釉面龟裂，可以尝试降低烧成温度。不要往坯料中额外添加二氧化硅或者沙子。相反，不想让釉面龟裂的方法包括：更换一种与釉料匹配的坯料；向现有坯料中添加二氧化硅；提高烧成温度。为了防止釉面龟裂，商业坯料的配方内通常已经添加了二氧化硅。对于炻器坯料而言，往其内部添加硅砂可以有效预防釉面龟裂。对于陶器坯料而言，提高素烧温度可以令釉面上的裂纹消失。

## 总结

### 强化釉面龟裂的方法
将配方中二氧化硅和黏土的比例从 1∶1.25 降至 1.25∶1*

往配方内添加霞石正长石或者碳酸锂　　　用高碱性熔块代替硼酸盐熔块
增加施釉层的厚度　　　　　　　　　　　降低烧成温度

### 防止釉面龟裂的方法
往配方内追加 5% 的二氧化硅和 4% 的黏土
往配方内添加 5% 的滑石或者氧化锌　　　用锂长石代替钠长石
用硼酸盐熔块代替高碱性熔块　　　　　　降低施釉层的厚度
提高烧成温度

具有流动性的简易灰釉，9 号测温锥
（1280℃），适用于炻器
钾长石 50
草木灰 50
+
膨润土 2

半哑光裂纹灰釉，8 号测温锥（1250℃），适用于瓷器（即便用电窑烧制，铝粉也会导致局部釉面还原）
FFF 长石 50
草木灰 50
+
铝粉 0.5

---

\* 编者注：原文中为"降至 5% 和 4%"。

## 11 裂纹釉

釉料配方的编号与前文中斯塔尔（R. T. Stull）特殊效果线图上的编号一一对应

**1** 具有流动性的绿色裂纹灰釉，9号测温锥（1 280℃），适用于瓷器

对应斯塔尔（R. T. Stull）特殊效果线图上的1号釉料。

草木灰 60

长石 40

+

氧化铜 1

透明裂纹釉，5号至8号测温锥（1 200℃至1 260℃）

（施釉层很厚。非食品安全级）

霞石正长石 26

碳酸钙 12

碳酸锂 10

碳酸钡 3

硼酸钙熔块 5

燧石 44

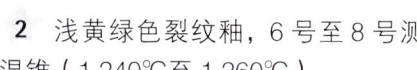

**2** 浅黄绿色裂纹釉，6号至8号测温锥（1 240℃至1 260℃）

对应斯塔尔（R. T. Stull）特殊效果线图上的2号釉料。

（施釉层很厚。非食品安全级）

钠长石 45

硼酸钙熔块 15

碳酸钙 14

瓷土 5

石英 17

碳酸锂 5

+

氧化铬 0.2

**3** 紫罗兰色裂纹釉，6号至9号测温锥（1 240℃至1 280℃）

对应斯塔尔（R. T. Stull）特殊效果线图上的3号釉料。

（施釉层很厚。非食品安全级）

霞石正长石 24

碳酸锶 18

碳酸锂 10

碳酸钙 3

瓷土 6

燧石 31

+

氧化钕 8

# 12 灰釉

灰釉的流动性较强，其配釉原料草木灰既可以单独使用，也可以和黏土或者长石结合使用。广袤的大自然中蕴藏着类型极其丰富的植被和黏土，它们都是陶艺家可以免费获取的原料。草木灰的主要成分是钙、二氧化硅和钾。可以在窑炉的炉膛里烧制草木灰，无需加工即可使用，我更喜欢在使用前先进行预处理。首先，将草木灰放进塑料桶或者垃圾桶中浸泡数日。其次，把桶中的旧水倒出去（操作时需佩戴橡胶手套，因为草木灰溶液具有很强的腐蚀性，其内部含有溶解的氢氧化钾，外观呈黄色，触摸时有滑腻感），并添加新水。重复上述步骤，直到水变清澈为止。再次，借助厨用粗过滤网过滤湿灰，以去除残留其中的木炭块、钉子或者砂砾。最后，用 60 目或者 80 目的过滤网再过滤一遍，之后倒入素烧碗中干燥，待其干透后就能配釉了。调配和使用草木灰釉时，务必佩戴橡胶手套，因为草木灰即便经过数次淘洗，其溶液亦呈碱性。假如不淘洗草木灰溶液，其内部会含有腐蚀性很强的可溶性碱。灰釉的施釉层厚度要比其他釉料的施釉层厚度更厚一些，因为灰烬中残留的碳会在烧窑的过程中燃烧殆尽。由于灰釉具有较强的流动性，所以为陶瓷坯体的外壁施釉时，釉层要涂得薄一些，正式使用前先做测试。

单一类型的植被灰烬能生成透明且微妙的色调，尤其是用还原气氛烧制时表现尤甚，可以生成从苹果绿到橄榄绿等一系列绿色调（参见平井明子和理查德·巴特汉姆 Richard Batterham 制作的碗）。由于松木灰内含有更多的铁和锰，所以呈色更深。用氧化气氛烧制时，可以生成从棕黄到褐色等一系列色调［参见对面页由西部陶瓷厂（Pottery West）生产的荒原（Wilder）系列盘子］。可以用氧化钴、氧化铬或者氧化铜为灰釉着色（参见背面页由本书作者制作的碗），但大多数陶艺家更喜欢展现灰釉原本的色调。

对页图：《灰釉瓷盘》
柳木灰，氧化气氛烧至 1 280 ℃，直径：21.5 cm，由西部陶瓷厂（Pottery West）生产的荒原（Wilder）系列产品
摄影师：朱尔斯·李斯特（Jules Lister），2017 年

右上图：平井明子（Akiko Hirai）
《池塘碗》
手工制作的炻器，饰以白色化妆土和草木灰裂纹釉，还原气氛

右下图：理查德·巴特汉姆（Richard Batterham）
灰釉高足炻器碗，还原气氛
摄影师：亨利·布鲁姆菲尔德（Henry Bloomfield）

## 釉上生花——特殊效果的釉料

左上图：琳达·布鲁姆菲尔德（Linda Bloomfield）
《碗》
简易灰釉——参见前文中的配方。纯灰釉（右上），由氧化钴（左上）和氧化铜（下）着色的灰釉。炻器坯体的外表面上涂了一层白色化妆土，氧化气氛烧至1 280℃

下图：罗伯特·亨特（Robert Hunter）
拉坯成型，含砂炻器坯料和橄榄木灰釉均采自马略卡岛，还原气氛

糠（Nuka）灰釉，（斯蒂芬·帕里 Stephen Parry），9号测温锥（1 300℃），还原气氛
糠灰 80
球土 20

适用于瓷器的透明绿色灰釉，9号测温锥（1 280℃）
草木灰 30
钾长石 30
瓷土 17
碳酸钙 4
燧石 21
+
氧化铜 0.5
碳酸钴 0.1

迈克尔·托马林（Michael Tomalin）
往木灰基础釉配方内添加铁、铜和锰

草木灰中含有植被生长过程中所吸收的矿物质，包括钙、二氧化硅、钾、钠、磷、镁、铁和锰。其他成分都会在烧窑时燃烧殆尽。大部分碳会转化为二氧化碳。草木灰的成分取决于植被的类型、其生长的土壤、砍伐的季节，以及是否包括树皮。软质灰，例如苹果树灰或者山毛榉树灰，二氧化硅含量最低，钙含量最高。中性灰，例如橡树灰或者白蜡树灰中的二氧化硅含量较高。硬质灰，是指二氧化硅含量最高的干草灰或者糠灰。海藻灰也能配釉，其钠含量高于草木灰。18世纪的苏格兰地区焚烧海带，是为了给玻璃和肥皂产业提炼纯碱。焚烧海藻时，需确保通风良好，避免吸入有毒的烟雾。

草木灰熔融后会自行生成釉料，但其流动性非常强，用于装饰陶瓷制品的外壁时极易流淌粘板。鉴于此，正式使用前，必须在垂直的试片上做测试，以便观察其流动性。最好选用旧硼板并在上面厚厚地涂一层隔离剂（或者把试片放在拉坯成型的特制托盘内进行测试）。

灰釉，8号测温锥（1 250℃）
草木灰 38
钾长石 30
瓷土 20
燧石 12

## 釉上生花——特殊效果的釉料

草木灰釉的釉面极易结晶，原因是其内部含有大量易生成结晶的钙元素。当釉料的流动性较大，配方内的黏土含量较低，且降温速度较慢时，釉面上就会出现结晶。草木灰釉通常呈裂纹状，可以通过添加黏土和二氧化硅来预防釉面龟裂。草灰的二氧化硅含量较高，极易导致釉料乳浊，日本陶工用稻壳灰配制的糠灰釉表现尤甚。在柴烧的过程中，木柴燃烧后产生的灰烬沉积在陶瓷坯体的外表面上，灰釉随之自然形成。熔融的釉料顺着坯体往下流淌，最终凝聚成珠状，这种外观效果在日本备受推崇，在日语中被称为"雨滴"（bidoro）。

有些陶艺家［包括20世纪20年代，伯纳德·利奇（Bernard Leach）门下的学徒凯瑟琳·普莱德尔-布弗里（Katherine Pleydell-Bouverie）和诺拉·布莱登（Norah Braden）］针对各种植被的灰烬，进行了分门别类的仔细研究。其他陶艺家则借助壁炉或者炭炉焚烧植被，用他们能得到的所有草木灰混合物配制釉料。需要注意的是，千万不要让含有氧化铁的土壤污染到草木灰。煤灰中的氧化铁含量很高，可以生成深棕色的釉面。草木灰的使用方法包括：单独使用；将其与长石或者黏土按照50:50的比例混合；往现有的釉料配方内少量添加。

右图：斯蒂芬·帕里（Stephen Parry）
《花瓶》，2013年
柴烧炻器。松木灰釉配方：钾长石25，松木灰35，燧石17，海普拉斯（Hyplas）牌71号球土23。尺寸：25 cm×7 cm
摄影师：斯蒂芬·帕里（Stephen Parry）

理查德·巴特汉姆（Richard Batterham），灰釉炻器茶壶

灰釉分析表［摘自《陶艺家词典》（*The Potter's Dictionary*），哈莫（Hamer）和哈莫（Hamer），2015年］

|  | 草木灰 | 苹果木灰 | 山毛榉木灰 | 橡木灰 | 落叶松木灰 | 松木灰 | 云杉灰 | 蓝草灰（Meadow grass） | 稻草灰（Wheat straw） |
|---|---|---|---|---|---|---|---|---|---|
| 二氧化硅 | 24 | 2 | 6 | 10 | 11 | 18 | 4 | 58 | 70 |
| 氧化钙 | 27 | 65 | 56 | 51 | 27 | 32 | 55 | 10 | 6 |
| 氧化钾 | 17 | 15 | 17 | 11 | 21 | 18 | 14 | 15 | 13 |
| 氧化钠 | 8 | 6 | 4 | 6 | 9 |  | 10 | 4 | 2 |
| 氧化镁 | 12 | 6 | 11 | 9 | 8 | 6 | 10 | 5 | 4 |
| 五氧化二磷 | 7 | 5 | 5 | 10 | 8 | 7 | 7 | 4 | 5 |
| 三氧化二铁 | 4 | 1 | 1 |  | 4 | 4 |  | 1 |  |
| 氧化锰 |  |  |  | 1 | 11 | 4 |  |  |  |
| 氧化铝 | 1 |  |  | 1 | 1 | 5 |  | 3 |  |

12 灰釉

# 13 青釉和铜红釉

## 青釉

青釉是一种透明的灰绿色釉料。在中国,青瓷兴盛于宋代。中国人将长石、黏土和草木灰混合在一起配制釉料,试图模仿玉石的颜色。青釉的颜色从橄榄绿色到淡蓝色不等,质感从缎面哑光到亮光不等。有些时候,釉面会龟裂,器皿通体都覆盖在细小的网络状裂纹下。所用黏土的类型会对釉色造成影响:炻器上的青釉通常呈绿色,瓷器上的青釉通常呈蓝色。传统青釉的蓝色调或者绿色调源自柴烧还原气氛下的少量(0.5% 至 1%)氧化铁。黏土中的二氧化钛杂质会与釉料中的氧化铁结合,并生成绿色。

在本节中,我们将探讨如何在电窑中烧制出类似青瓷的釉色。传统青釉中的少量氧化铁会在电窑氧化气氛中生成稻草般的黄色。把氧化铜和氧化钴的混合物,或者蓝绿色商业陶瓷着色剂放入电窑中烧制,能生成类似于青釉的透明蓝绿色调。除此之外,还有一种鲜为人知的方法,是往传统青釉配方内添加碳化硅、二氧化硅或者铝粉等局部还原物质。用电窑烧制时,三氧化二铁会还原为四氧化三铁。

草木灰内含有不同比例的钙、硅、钾、钠、磷、镁、铁和锰。把草木灰、长石和黏土的混合物放入还原气氛中烧制,可以生成类似于青釉的透明绿色调。往灰釉配方内添加少量的氧化铜和氧化钴,用电窑氧化气氛烧制时亦能获得相同的外观效果,即与青釉相似的蓝绿色调。用这种方法烧出来的仿青釉釉面上或许会掺杂些许斑点,只需把调配好的混合物放进 100 目的过滤网中过滤几次就能让斑点消失。仿青釉的施釉层宜厚不宜薄,但过厚时可能会流淌粘板,所以正式装饰整窑陶瓷制品之前,务必先用试片做测试。

对页图:利拉·查克拉瓦蒂(Leela Chakravarti)和爱德华·奥·布莱恩(Edward O'Brien)作者为 2019 年斯特兰德·埃菲梅拉(Strand Ephemera)艺术展创作的装置型炻器作品,单个碗的尺寸为 12 cm×16 cm,还原气氛,烧成温度为 7 号至 9 号测温锥的熔点温度(尽管一部分碗受到了氧化气氛的影响,外观呈绿色)。"我们创作的每一只碗都代表了一支珊瑚,所有碗汇聚于一处,代表一个巨大的珊瑚群落。整体色调从深红色逐渐过渡至带有斑点的淡粉色和淡绿色,我们借作品寓意珊瑚发生白化现象。我们想让观众重视全球变暖及其对珊瑚礁的破坏性影响。"

右图:米尔卡·戈尔登·汉恩(Mirka Golden Hann)做的青釉线性混合测试,试片上的氧化铁添加量从左至右依次递增,还原气氛烧制。两排试片上的青釉种类不同,但氧化铁的添加量均为 0.5%、0.8%、1.1%、1.5% 和 2%

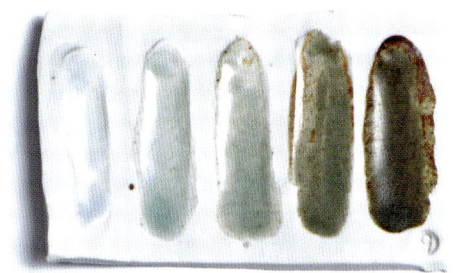

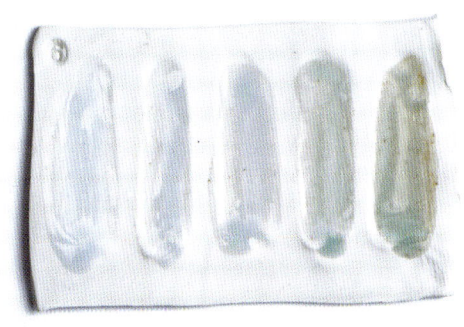

釉上生花——特殊效果的釉料

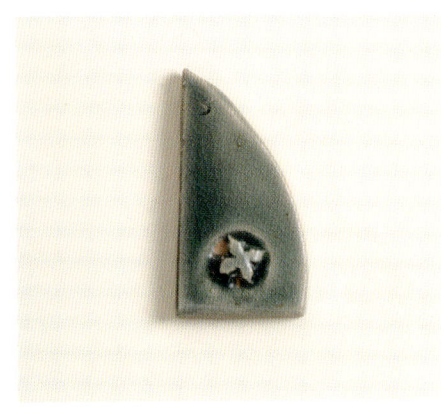

**适用于炻器的绿色裂纹青釉，9号测温锥（1 280℃）。氧化气氛**

草木灰 30
钾长石 30
瓷土 17
碳酸钙 4
燧石 21
+
氧化铜 0.5
碳酸钴 0.1

往透明釉的配方内添加少量氧化铁（0.5%至1%），可以生成类似于还原气氛下的青釉色调。假如坯料和釉料中的二氧化钛含量较低，用还原气氛烧制时，青釉中的铁元素会呈现出绿色调，可以用这种方法配制蓝色青釉。瓷器黏土是最理想的坯料，其内部的钛含量很低，能为青釉提供白色背景。往釉料配方内添加少量（0.1%）的氧化铜，或者用碳酸铜代替氧化铁，能配制出适用于氧化气氛的蓝色青釉。釉料配方内的黏土含量必须低于5%，否则其发色会偏绿。

**适用于瓷器的蓝色青釉，6号至8号测温锥（1 240℃至1 260℃），氧化气氛**

钠长石 47
石英 18
硼砂熔块 15
碳酸钙 14
瓷土 5
+ 氧化铜 0.1 淡蓝色
+ 氧化铜 0.5 浅绿松石色

还有一种方法也能配制出适用于电窑的仿青瓷釉料，那就是将氧化铁（就像配制适用于还原气氛的传统青釉那样）和还原物质混合在一起使用。这种做法会使釉料中的氧化铁局部还原，即便用电窑烧制也能生成青瓷般的绿色调。应用最广泛的还原物质是经过仔细研磨的碳化硅粉末（600目至1 200目）。在还原过程中，碳化硅粉末可能会挥发出二氧化碳，进而在釉面上形成气泡。其他鲜为人知的还原物质包括二氧化硅和铝粉。可以从雕塑用品供应商处购买200目的铝粉，雕塑家们常将其和树脂混合在一起，创作仿金属铸造的作品。硅亦呈细粉状。这是一种纯净的半金属物质，半导体行业用它制造硅片，不能和二氧化硅或者硅酮（橡胶）混淆。在烧窑的过程中，所有还原物质都会与釉料中的氧气发生反应，进而令釉料配方内的铁元素从蜜黄色（$Fe^{3+}$）转变为蓝绿色（$Fe^{2+}$）。

13 青釉和铜红釉

线性混合测试，往绿色青釉配方内添加 0.5 黄色氧化铁，以及 0、0.1、0.2、0.3、0.4、0.5 铝粉（200 目）。往釉料配方内添加铝粉的想法，是由美国纽约州阿尔弗雷德大学陶瓷工艺学教授威廉·卡蒂（William Carty）博士提出的

铝粉的特性不是十分稳定，它极易和氧气发生反应，所以用铝粉配制的青釉并不总能呈现出相同的外观效果。我发现釉料对铝粉的添加量非常敏感：过量添加时，铝元素会在釉面上生成黑色的斑点，甚至整个釉面完全呈黑色，尽管你也可以将这两种外观视为有趣的效果。以下青釉的配方内含有 0.2% 的铝粉。可以使用各种类型的铁元素。陶艺家最常使用的氧化铁为红色三氧化二铁（$Fe_2O_3$），但黄色三氧化二铁的水合物（$Fe_2O_3 \cdot H_2O$）亦适用，只不过后者的强度稍弱。这种方法很难配制出蓝色青釉，原因是铁元素会在氧化气氛中保持黄色调，当它与还原后生成的蓝色调相遇后，会呈现出绿色调。

添加还原物质的绿色青釉，6 号至 8 号测温锥（1 240℃至 1 260℃），氧化气氛
钾长石 34
硼砂熔块 14
碳酸钙 11
瓷土 13
石英 23
白云石 5
+
黄色氧化铁 0.75
铝粉 0.2

综上所述，有好几种方法都能配制出适用于电窑的仿青瓷釉料。可以用少量氧化铜和氧化钴，或者蓝绿色商业陶瓷着色剂给透明釉着色。但值得注意的是，可能需要进行多次测试才能获得理想的蓝绿色调，除此之外还得仔细地过滤，否则釉面上极易出现氧化钴色斑。另外一种方法是把氧化铁和碳化硅、二氧化硅或者铝粉这三种经过仔细研磨的还原物质混合在一起使用。这种方法能配制出更逼真的青瓷绿色调，但还原物质较难掌控，操作不当时釉面上会出现黑色斑点。

## 铜红釉

传统的铜红釉通常是在气窑还原气氛中烧制,但采用与上一节中氧化气氛仿青釉类似的方法,借助细碳化硅粉末(600目至1 200目)能配制出适用于电窑的仿铜红釉。在烧窑的过程中,氧化锡(1%至2%)等稳定剂有助于釉色保持红色。铜红釉应具有些许流动性,只需添加少量氧化铜(0.3%至0.5%)即可和近似含量的碳化硅一样,让釉料呈现出浓郁的牛血红色。碳化硅和氧化铜接触后发生反应,将其局部还原为红色氧化铜、氧化亚铜和铜金属,在釉料中生成红色颗粒,并挥发出二氧化碳。此类釉料需要仔细过滤并经常搅拌以防止碳化硅沉淀。可能需要添加少量泄盐和膨润土令釉液絮凝。

铜红釉,6号至8号测温锥(1 240℃至1 260℃),氧化气氛

钠长石 47

石英 18

硼砂熔块 15

碳酸钙 14

瓷土 5

+

氧化锡 1

氧化铜 0.3

碳化硅粉末 0.3

用粗质碳化硅、中等粒度碳化硅(120目)和细质碳化硅(1 200目)进行铜红釉测试。

13 青釉和铜红釉

星云釉［由乔·汤普森（Joe Thompson）制作］，5号至7号测温锥
改编自大卫·察巴尔（David Tsabar）的孔雀釉，这是一种由碳化硅还原的钧釉。
钾长石 46
二氧化硅 20
费罗牌（Ferro）3134号熔块 13
硅灰石 13
膨润土 3
氧化锌 3
动物骨灰 2
+
氧化锡 2
碳酸铜 1
1 200目碳化硅 1

上图：乔·汤普森（Joe Thompson）
星云釉线性测试，碳酸铜的添加量依次为0、0.5%、1%、1.5%和2%

右图：乔·汤普森（Joe Thompson）
马克杯，星云釉配方内添加1%碳酸铜［改编自大卫·察巴尔（David Tsabar）的孔雀釉］

99

# 14 流动釉和钧釉

釉料顺着陶瓷器皿的外壁往下流淌,这种外观效果在陶艺界很流行。可以通过局部厚重施釉来达到上述目的。过烧也能让釉料流淌——例如用6号至8号测温锥的烧成温度烧窑。对具有流动性的釉料,必须非常小心地施釉和烧制,以避免釉料流淌粘板。只在坯体的上半部分或者三分之一以上部位施釉,这种做法是个不错的选择。务必在硼板上涂抹隔离剂,或者在坯体下面垫一块涂过隔离剂的旧硼板,或者将坯体放进特制的托盘里烧制。自己配制流动釉时,只需往透明釉配方内添加5%的熔块,然后以1%的递增量持续添加熔块,直到釉料在选定的烧成温度下出现流淌现象为止。釉料的流淌程度取决于烧成温度、烧成时间、施釉厚度和坯料。同样的釉料在瓷器坯体上比在炻器坯体上流淌得更快,原因是瓷器的孔隙率较低。想让釉液汇集成珠状时,最好使用黏稠度和黏土含量都较高的釉料。

**上图:**尼克·威德尔(Nick Weddell)
《活泼的小伙子》
彩色瓷器和釉料,10号测温锥,氧化气氛,尺寸:15 cm × 11.5 cm × 10 cm

**对页图:**琳达·布鲁姆菲尔德(Linda Bloomfield)
拉坯成型的滤锅,底釉为透明釉,面釉为具有流动性的绿松石色釉,8号测温锥

釉上生花——特殊效果的釉料

具有流动性的绿松石色釉，6号至8号测温锥（1 240℃至1 260℃），氧化气氛
这种釉料是通过提升硼的添加量，将硼砂熔块改为硼酸钙熔块开发出来的。

钠长石 45

石英 17

硼酸钙熔块 15

碳酸钙 14

瓷土 5

氧化锡 5

+

氧化铜 1

上图：尼克·威德尔（Nick Weddell）
《异形胶状碗》
瓷器和釉料，把硅酸钠和水调和成稠浆，10号测温锥，氧化气氛，尺寸：15 cm×15 cm×9 cm

上图:西隆之(Nishi Takayuki)水滴釉瓷杯,饰以具有流动性的蓝色青釉,还原气氛,烧制于日本有田(Arita)

右图:由爱丽丝·达克(Alice Duck)陶瓷工作室创作的钴蓝色釉杯子,注浆瓷器,饰以彩色化妆土条纹和具有流动性的蓝色釉料,烧成温度为1 280℃,保温烧成42分钟,尺寸:7 cm×8 cm

釉上生花——特殊效果的釉料

# 钧釉

具有乳浊质感和流动性的钧釉盛行于中国宋代。釉层厚重，釉面呈乳浊的淡蓝色，有时氧化铜还原后会在釉面上生成紫色的斑点。人们认为乳浊的蓝色源于二氧化硅玻化层内富含微小的磷晶体，蓝色调是这些晶体散射出来的光。磷晶体和二氧化硅玻化层既各自独立又相互融合，二者的状态就像气泡分散在液体中。磷晶体是粒径只有几百纳米的胶状颗粒，它们分布在透明的釉层中。与其他颜色的光相比，磷晶体散射短波长蓝光的能力更强。这种"光学"效果使釉料呈现出蓝色调。釉层中的磷晶体数量越多，粒径越大，散射的强度越高，釉面的外观越浑浊。施釉层必须厚一些，且釉料配方内必须含有磷和氧化铁［参见乔安娜·豪威尔斯（Joanna Howells）创作的杯子］。磷来自釉料配方内添加的草木灰或者骨灰。硼酸钙或者硬硼酸钙也能起到类似的作用。这种类型的釉料适合装饰还原气氛烧成的炻器坯料，或者作为富铁深色釉料（例如天目釉）的面釉使用。

可以借助以下方法配制出仿钧釉效果的釉料。往釉料配方内添加诸如草木灰、骨灰，以及合成磷酸钙之类的含磷物质。硼酸钙熔块或者硅藻土能令釉料呈现出类似的乳浊外观。往流动性釉料的配方内添加金红石和二氧化钛，也能获得类似的效果。流动型线条常见于坯体的垂直面，而斑点状肌理常见于坯体的水平面。一般来说，钧釉的二氧化硅含量较高，黏土含量较低，流动性较强。为坯体施釉时，顶部可以涂得厚一些，侧壁下部应该涂得薄一些，以避免釉料流淌粘板。

乔安娜·豪威尔斯（Joanna Howells）
面取瓷杯，具有流动性的钧釉，还原气氛，高：10 cm，作者本人藏品

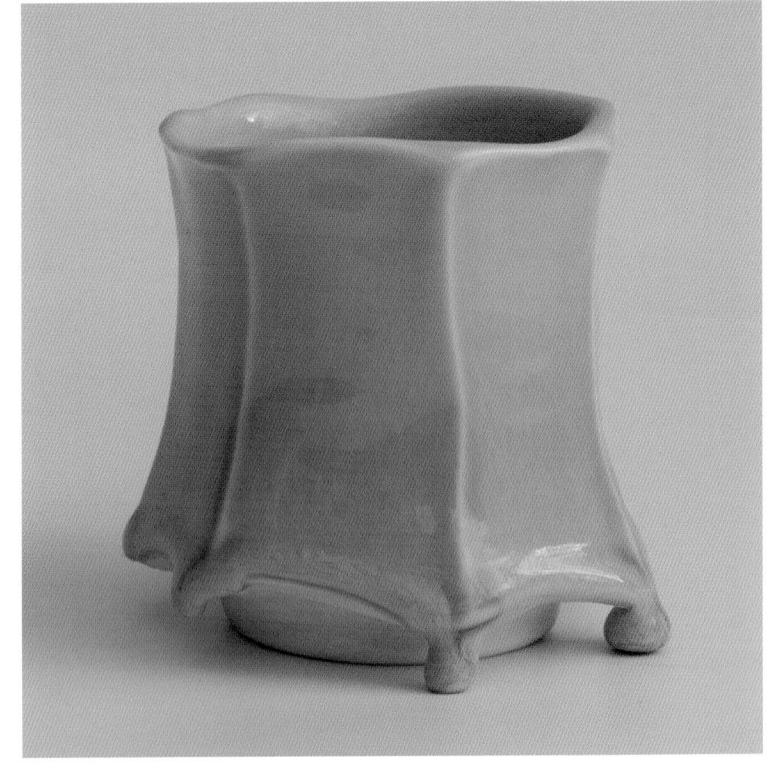

淡蓝色钧釉［德里克·埃姆斯（Derek Emms）］，9号测温锥（1 280℃），还原气氛
钾长石 40
石英 30
碳酸钙 20
硼酸钙熔块 10
滑石 5
瓷土 2
+
黑色氧化铁 1

### 配方内添加草木灰的钧釉

某些类型的灰釉也会呈现出乳浊状,或者釉面上出现条纹、斑点肌理。草木灰的成分多种多样,但通常含有钙、钾、钠、镁、磷和氧化铁。简易的灰釉由草木灰和黏土配制而成,有些时候其配方内还添加了长石。日本的糠釉由稻壳灰制成,稻壳灰的二氧化硅含量很高。草灰、稻草灰和芦苇灰亦富含二氧化硅,它们都能生成类似的釉面效果。灰釉通常由还原气氛烧成,烧成温度为10号测温锥的熔点温度,氧化铁还原后能生成微妙的绿色调和蓝色调。釉面上除了条纹肌理之外,还可能带有结晶。当窑炉内的温度慢慢冷却时,熔融的釉料便开始析晶。这些小而圆的晶体通常由硅酸钙或者硅酸镁生成,它们生长于玻化的透明釉层中。

### 硼酸钙釉

往氧化铝含量较低的釉料配方内添加硼酸钙、硬硼钙石[或者费罗牌(Ferro)3134号熔块],能令釉料呈现出乳浊效果。当硼酸钙析晶时,这些晶体会散布在二氧化硅玻化层中并散射光线,进而令釉面呈现出不透明或者乳浊的外观。施釉层较厚,或者熔融的釉液长时间凝聚在坯体的底部时,就会出现上述情况。釉料在桶里储存的时间越长,这种情况越容易出现。原因或许是釉料配方内的熔块会在搅拌釉液的间隔内沉淀,并且随着釉料的使用,配方内的硼酸钙含量越积累越多。需要注意的是,硼含量过高且积釉层过厚时,极易挥发气泡并导致釉面起泡,遇到这种问题时必须将釉面打磨平滑后复烧。

琳达·布鲁姆菲尔德(Linda Bloomfield)
瓷碗上饰以含有硼酸钙熔块的灰色釉料。碗底的釉面较厚,呈乳浊的蓝色调。只有沉淀在釉桶最底部的硼酸钙才能令釉面呈现出这种外观,往釉料配方内添加5%的金红石可以令乳浊效果得以强化。黄色釉料中含有氧化锆
摄影师:艾玛·李(Emma Lee)

用氧化气氛烧制铜红釉,可以获得类似钧釉般的蓝绿色调。少量氧化铜(0.1% 至 0.5%)和 5% 的氧化锡在氧化气氛中能产生乳浊的淡蓝色效果,其外观与还原气氛烧制的钧釉相似。对于这种釉色而言,乳浊效果来自氧化锡。乳浊釉的呈色并不仅仅局限于蓝色。不同的着色氧化物可以生成不同的颜色,例如氧化锆、氧化钕和氧化铒等稀土氧化物。

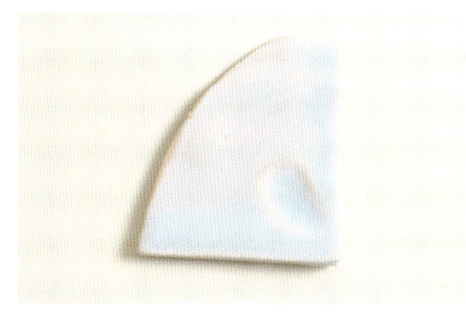

淡蓝色铜釉,8 号测温锥(1 250℃),氧化气氛

| 钠长石 45 | 石英 17 |
| --- | --- |
| 硼酸钙熔块 15 | 碳酸钙 14 |
| 瓷土 5 | + |
| 氧化锡 5 | 氧化铜 0.1 |

### 金红石和钛釉

配方内含有金红石和氧化铁的低氧化铝釉料,釉面上可能会出现条纹和斑点肌理。这种类型的釉料有时被称为浮动蓝釉,最适合装饰还原气氛烧制的深色含铁坯料。用氧化气氛烧制配方内含有金红石或者二氧化钛的釉料,也可以获得类似的外观效果。金红石和二氧化钛(1% 至 5%)会在烧窑的过程中生成微小的晶体,进而导致釉面失去透明度。往配方内添加一些氧化钴或者碳酸钴,可以配制出适用于氧化气氛的金红石蓝色釉。往釉料配方内同时添加金红石和硼酸钙,釉色的外观更接近钧釉。

金红石蓝色釉,8 号测温锥(1 250℃),氧化气氛

| 钾长石 34 | 硼酸钙熔块 14 |
| --- | --- |
| 碳酸钙 11 | 白云石 5 |
| 瓷土 13 | 石英 23 |
| + | 碳酸钴 0.4 |
| 金红石 5 | |

对页图:琳达·布鲁姆菲尔德(Linda Bloomfield)
瓷杯和瓷碗,电窑烧制的蓝色铜釉,烧成温度为 8 号测温锥的熔点温度

综上所述,往低氧化铝釉料的配方内添加以下物质,可以配制出具有乳浊效果的仿钧釉:

1. 含有磷元素的骨灰、木灰或者草灰。
2. 含有硼元素的硼酸钙熔块或者硬硼钙石。
3. 钛或者金红石。

用还原气氛烧制灰釉和传统钧釉效果最好。用氧化气氛烧窑时,往釉料配方内同时添加硼和金红石,也能生成不错的仿钧釉效果。

# 15 结晶釉

往黏土含量相对较低（低于 5%）的釉料配方内添加二氧化钛或者金红石，可以配制出结晶釉。对照斯塔尔（R. T. Stull）特殊效果线图，结晶釉位于分子式中氧化铝分子的范围为 0.05 至 0.4 的区域。此数值区间比硅酸锌宏晶釉的范围还广，后者的氧化铝含量很少。尽管黏土含量较高时能配制出微晶哑光釉，但氧化铝含量过多时往往会抑制晶体生长。以白云石的形式往釉料配方内添加钙和镁，同时添加氧化锌时，釉面中会析出小而圆的晶体。临近烧成结束时，将窑温保持在 1 060℃数小时，再让窑温以极慢的速度降温，硅酸锌釉料会析出较大的晶体。此类釉料的黏土含量较低，极易流淌到硼板上，因此用于装饰陶瓷制品的外壁时，施釉层不宜太厚。

对右图的解读详见第 1 部分 1 认识釉料

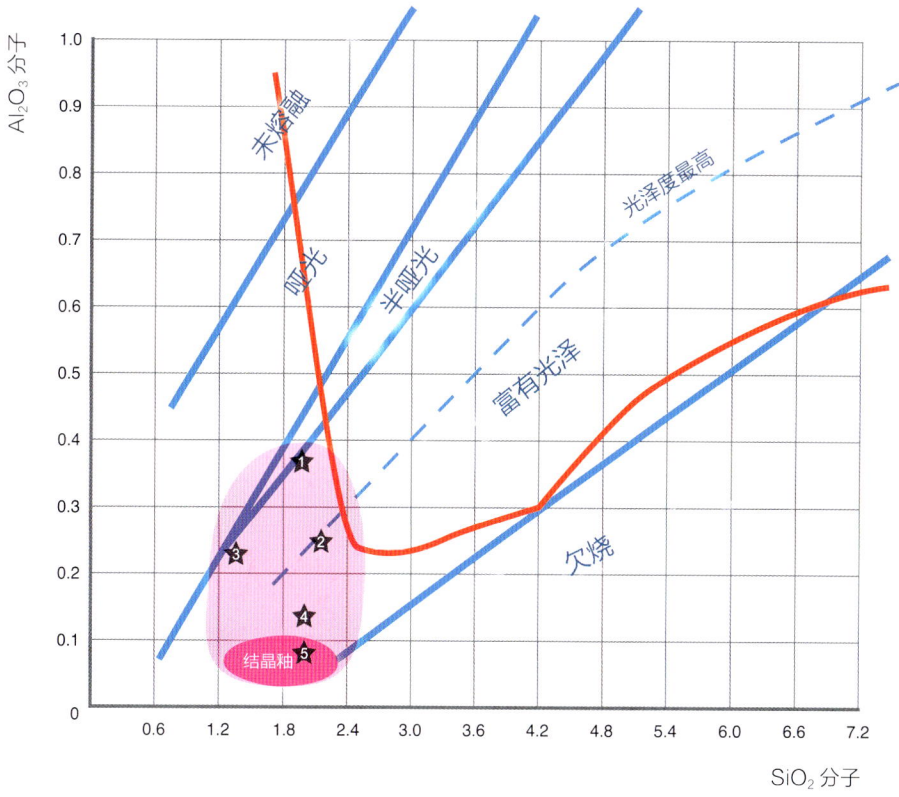

对页图：Wauw 设计工作室 由结晶釉和灰色釉重叠装饰的瓷质花瓶。2016 年制作于哥本哈根

结晶釉位于左下角的淡粉色区域。宏晶釉位于深粉红色区域。线图上的编号与后文中釉料配方的编号一一对应。

釉上生花——特殊效果的釉料

让我们分析一下，为什么氧化铝含量低，氧化钙或者氧化镁含量高的釉料更容易析晶。氧化铝含量低意味着釉料熔融后具有很强的流动性，原子更易四处移动。只有少量钙能溶解在釉料中。釉料中的二氧化硅和过量的钙发生反应并析出硅酸钙晶体，当降温的速度特别慢时，硅酸钙晶体就会在熔融的釉液内生长，原子有足够长的时间排列成晶体结构。硅酸钙分子首先会聚集成链状，其次会形成双链状，再次形成片状，最后形成三维框架结构，例如钙长石。晶体包括硅灰石［硅酸钙（$CaSiO_3$）］、透辉石（$CaMgSi_2O_6$）和顽火辉石［硅酸镁（$Mg_2Si_2O_6$）］。后两种物质属于辉石，都是链状硅酸盐。形成三维框架后，釉料失去其通透性，变得不再透明。亮光釉的釉层中也可能分布着些许晶体，以特别慢的速度降温时，晶体会覆盖住整个釉面，进而呈现出哑光效果。钡、锶和锌等元素制成的釉也以类似的方式生成晶体。

对页：

**左上图**：钼结晶釉细部，由赫伯特·桑德斯（Herbert Sanders）和法拉·希姆博（Fara Shimbo）研发的釉料组合而成，9号测温锥，陶瓷作品由艾薇儿·法利（Avril Farley）创作。赫伯特·桑德斯研发的结晶釉配方成分及份额：长石39，碳酸钙7，碳酸钡2，氧化锌7，硼酸钙17，二氧化硅22，氧化钼4，氧化钛8。烧成温度为9号测温锥的熔点温度

**右上图**：艾薇儿·法利（Avril Farley）
镍结晶釉细部，釉层下罩了一层由红色陶瓷着色剂染色的瓷质化妆土。烧成温度为9号测温锥的熔点温度

**左下图**：约翰·斯图莫（John Stroomer）
由氧化铜和氧化钴配制的硅酸锌结晶釉

**左图**：由爱丽丝·达克（Alice Duck）陶瓷工作室创作的蓝色杯子，注浆瓷器，饰以彩色化妆土条纹和具有流动性的亚光结晶釉，烧成温度为1 280℃，保温烧成42分钟，尺寸：7 cm × 8 cm

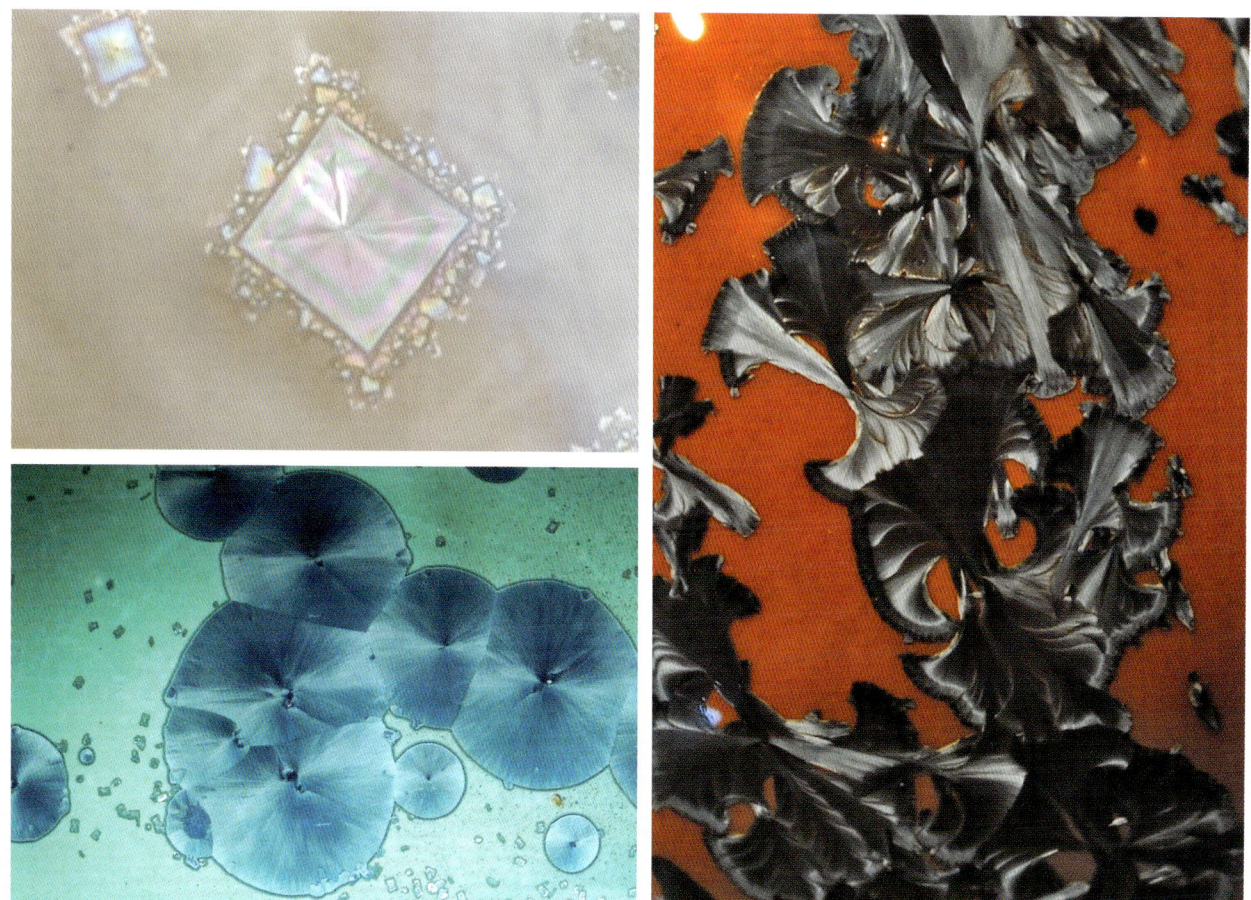

对于配方内含有硅酸锌的釉料而言,当窑温保持1 050℃至1 100℃数小时进行烧成,能让熔融的釉液在足够长的时间内生长出非常大的晶体,这就是宏晶釉的由来。硅酸锌矿物($Zn_2SiO_4$)被称为硅锌矿。保温烧成的温度及时长会影响晶体的形状,可能出现针尖状、针状或者球形、星形,可以借助氧化钴、氧化铜或者氧化镍为晶体着色。晶体着色颇具选择性和排他性,只有某些着色氧化物起作用。例如,氧化钴能将晶体渲染成蓝色,镍能将晶体渲染成钢青色,锰能将晶体渲染成粉红色,但前提是釉料本身的配方内不能有氧化钴或者氧化镍。如果釉料配方内存在其他着色氧化物,氧化锰和氧化铜会将晶体连同整个釉面一并着色。氧化铒、氧化钕、氧化镨等稀土氧化物亦可作为结晶釉的着色剂。钼和钨能让晶体呈现出具有金属质感的炫彩色调。钛和金红石可作为晶体的种子。在熔融的釉液中,这些种子首先生成钛酸锌($ZnTiO_3$)或者钛酸钙($CaTiO_3$),随后在降温的过程中生长出晶体。用炻器温度烧窑时,坯釉结合面中的莫来石可作为晶体的种子,除此之外,釉料配方内的草木灰或者骨灰亦如是。砂金石釉光华夺目,釉面中闪闪发光的微小晶体内含有氧化铁(金棕色)、氧化铬(绿色)或者氧化铀(橙黄色)。

## 釉上生花——特殊效果的釉料

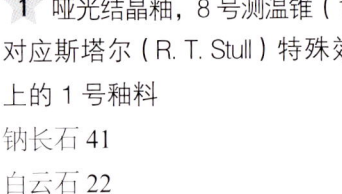

**1** 哑光结晶釉，8号测温锥（1260℃）。对应斯塔尔（R. T. Stull）特殊效果线图上的1号釉料

钠长石 41

白云石 22

石英 11

瓷土 18

碳酸钙 3

氧化锌 5

+

氧化钴 0.3

氧化镍 0.9

釉料配方的编号与前文中斯塔尔（R. T. Stull）特殊效果线图上的编号一一对应

蓝色和粉红色哑光结晶釉，8号测温锥（1260℃）

钠长石 41

白云石 22

石英 11

瓷土 18

碳酸钙 3

氧化锌 5

+

氧化锡 4

氧化钴 0.75

**3** 半哑光蓝色和黄色结晶釉（由罗斯·奥斯特曼 Lasse Östman 研发），8号测温锥（1260℃），保温烧成30分钟。对应斯塔尔（R. T. Stull）特殊效果线图上的3号釉料

这种釉料有小而圆的晶体，流动性非常强。

钾长石 63

白云石 16

氧化锌 17

金红石 3

+

氧化钴 1

15 结晶釉

**2** 镁微晶哑光釉，6号至8号测温锥（1 240℃至1 260℃）。对应斯塔尔（R. T. Stull）特殊效果线图上的2号釉料

可以添加各种着色氧化物，例如氧化钴或者氧化铜。晶体的颜色通常和背景的颜色不同。用6号测温锥的熔点温度烧窑时，釉面呈哑光状；用8号测温锥的熔点温度烧窑时，釉面富有光泽和流动性。

钠长石 42　　　　　　白云石 22
石英 22　　　　　　　瓷土 6
碳酸钙 3　　　　　　 氧化锌 5
+
氧化铜 1

带粉红色结晶的亮光蓝色釉，6号至8号测温锥（1 240℃至1 260℃）

钠长石 42
白云石 22
石英 22
瓷土 6
碳酸钙 3
氧化锌 5
+
氧化锡 4
氧化钴 0.75

**4** 半哑光结晶釉（由罗斯·奥斯特曼 Lasse Östman 研发），8号测温锥（1 260℃），保温烧成45分钟。对应斯塔尔（R. T. Stull）特殊效果线图上的4号釉料

富有光泽的背景和哑光状结晶相互映衬。

钾长石 28
石英 32
氧化锌 19
白云石 3
碳酸锶 3
碳酸锂 7
瓷土 3
二氧化钛 4
+
氧化镍 0.5

釉上生花——特殊效果的釉料

⭐ **5** 宏晶釉，由艾薇儿·法利（Avril Farley）研发，8号测温锥（1 260℃）。对应斯塔尔（R. T. Stull）特殊效果线图上的5号釉料

当窑温下降至1 100℃后慢速降温，能让这种釉料生长出大晶体。

费罗牌 Ferro3110 号熔块 47
煅烧氧化锌 23
煅烧瓷土 3
石英 23
二氧化钛 4

**蓝绿色砂金石釉，5号至7号测温锥**
非食品安全级［釉料配方摘录自2007年3月/4月的《黏土时报》（*Clay Times*）］

钾长石 17　　　石英 32
碳酸钙 15　　　碳酸锶 13
硼砂熔块 15　　瓷土 7
＋　　　　　　 氧化铜 2.5
氧化铬 1.5

下图：Wauw 设计工作室
由结晶釉和绿色釉重叠装饰的瓷质花瓶。2016年制于哥本哈根

对页左上图：西迪安（West Dean）学院的一名学生用艾薇儿·法利（Avril Farley）研发的结晶基础釉做着色实验，釉料配方内添加了氧化铜、氧化镍和氧化钴

对页右上图：凯特·马龙（Kate Malone）《一对条纹熔岩花瓶》（细部），2018年结晶釉瓷器。图片由伦敦的阿德里安·沙逊（Adrian Sassoon）提供
摄影师：西尔万·德鲁（Sylvain Deleu）

下图：Wauw 设计工作室
由结晶釉和颜色釉重叠装饰的瓷质花瓶。哥本哈根

# 16 开片釉（亦称"地衣釉"）

在干燥的过程中，厚重的釉层会像干涸的河床一样开裂，这种外观效果就是开片。裂缝会在烧窑的过程中进一步变宽，釉面会收缩成岛屿状，其间暴露出坯体的本色。开片釉亦称地衣釉，是通过往釉料配方内添加约30%的轻质碳酸镁、球土或者氧化锌配制而成的。上述原料质地轻盈、蓬松，在干燥的过程中会收缩并形成裂缝，在烧窑的过程中裂缝会进一步变宽。由于这些原料的粒径很小，且它们是松散地结合在一起，所以在烧制的过程中会收缩固结成岛屿状。由碳酸镁配制的开片釉外观通常呈干涩状，可以通过添加少量氧化锌或者熔块来软化其边缘；将瓷土和氧化锌的混合物烧至足够高的温度（比建议的测温锥编码高出若干个号数），釉面就会熔融凝结成富有光泽的珠状。

**左上图**：雷文·哈里森（Raewyn Harrison）
《黑色柳树》
注浆瓷器，透明釉，黑色釉下彩颜料，开片釉和柳纹贴花纸

**右上图**：雷文·哈里森（Raewyn Harrison）
《柳树碎片》
注浆瓷器，透明釉，黑色釉下彩颜料，开片釉和柳树图案贴花纸

**对页图**：卡斯贾·卡勒纽斯（Casja Carlenius）
《壁挂花瓶》，2018 年
蓝色、粉色、白色和绿松石色，高：5 cm，宽：8 cm 至 18 cm，斯德哥尔摩

釉上生花——特殊效果的釉料

对页图：泰莎·伊斯曼（Tessa Eastman）
《呈尖锥状的半锯齿形物体》，2015年
尺寸：22 cm×20 cm，私人收藏
摄影师：西尔万·德鲁（Sylvain Deleu）

右图：琳达·布鲁姆菲尔德（Linda Bloomfield）
《冰晶盘》
在透明绿松石色釉上罩一层开片釉，8号测温锥

志野釉是一种适用于还原气氛的釉料，其发色从白色到橙色不等，釉面经常出现开片现象，将大约30%的瓷土和长石、霞石正长石混合在一起能配制出简易的志野釉。志野釉种类繁多，有些配方内包含可溶性纯碱，这种物质有助于釉面吸碳。传统的志野釉是在柴窑或者气窑中烧制的，烧成温度很高。

为方便釉面开裂，开片釉的施釉层需要厚重一些。施釉层较薄时，裂缝网络会变得更加细密、更加紧凑。往窑炉内放置未经烧制的施釉坯体时应加倍谨慎，原因是破裂的釉面很容易脱落。为了突出展现釉面及其背景之间的对比效果，可以将开片釉罩在深色坯料、化妆土、釉下彩或者色差较大的另外一种釉层上。

下图：艾玛·威廉姆斯（Emma Williams）
《指痕碗》
饰以开片釉的红色陶器，烧成温度为1 055 ℃

16　开片釉（亦称"地衣釉"）

### 釉上生花——特殊效果的釉料

对照斯塔尔（R. T. Stull）特殊效果线图，以下三种类型的开片釉——镁基开片釉、锌基开片釉和志野釉位于氧化铝与二氧化硅的分子比为1：4的直线上。越靠近线条的右侧，烧成温度越高。这表明镁基开片釉适合低温烧成，锌基开片釉适合中温烧成（6号至9号测温锥），志野釉适合高温烧成（10号至12号测温锥）。很多志野釉配方内的氧化铝含量甚至更高——其数值在线图中显示为1.0以上。

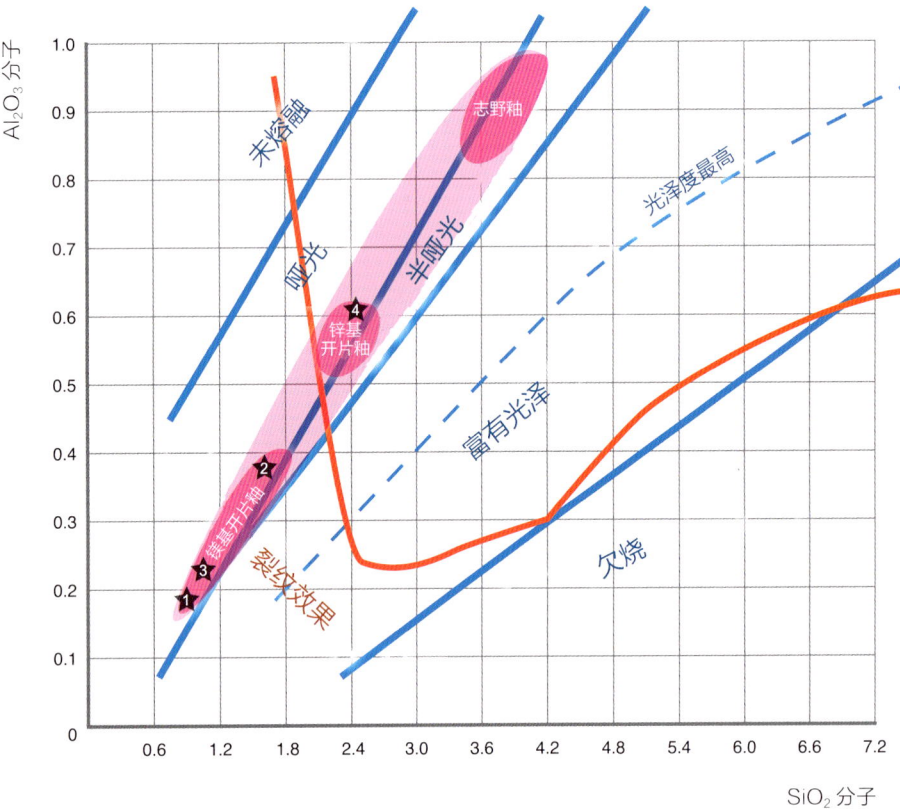

**右图**：第1组开片釉试片，配方内添加以下着色氧化物。上排：氧化镍1，氧化铜1。中排：氧化钴0.5，氧化铁2。下排：氧化钴0.5+氧化铁2，氧化钒10

**左图**：斯塔尔（R. T. Stull）特殊效果线图展示了三种类型的开片釉：镁基开片釉、锌基开片釉和志野釉。它们都位于氧化铝与二氧化硅的分子比为1：4的直线上。线图上的编号与后文中釉料配方的编号一一对应。对此图的解读详见第一部分1认识釉料

可以往碳酸镁类型的釉料配方内添加着色氧化物，例如氧化钴、氧化铜、氧化镍和氧化铁等。氧化镍会让镁基开片釉呈现出浅绿色，类似于地衣的颜色。往锌基开片釉配方内添加氧化铬，釉面呈淡粉红色，但往镁基开片釉配方内添加氧化铬时，釉面会转变成棕色。

## 16 开片釉(亦称"地衣釉")

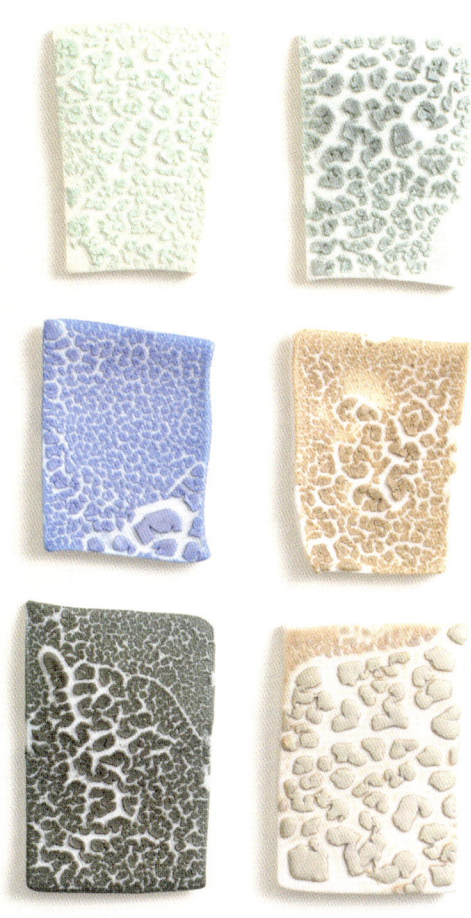

以下试片展示了基础釉的六种不同形式。

**1** 开片釉,8号测温锥(1 250℃)。对应斯塔尔(R. T. Stull)特殊效果线图上的1号釉料

霞石正长石 50
轻质碳酸镁 40
标准硼砂熔块 10
+
氧化镍 1
氧化铜 1
氧化钴 0.5
红色氧化铁 2
氧化钴 0.5+ 氧化铁红 2
五氧化二钒 10

开片釉,04号测温锥(1 060℃)
硼砂熔块 50
轻质碳酸镁 30
瓷土 20
+
二氧化钛 8

**2** 开片釉,6号测温锥(1 240℃)。对应斯塔尔(R. T. Stull)特殊效果线图上的2号釉料
施釉层宜厚不宜薄
霞石正长石 70
轻质碳酸镁 25
球土 5
+
硅酸锆 5

**3** 开片釉[由罗宾·霍珀(Robin Hopper)研发],6号至8号测温锥(1 240℃至1 260℃)。对应斯塔尔(R. T. Stull)特殊效果线图上的3号釉料
施釉层宜厚不宜薄
钠长石 30           碳酸镁 31
硼砂熔块 6          滑石 8
氧化锌 6           高岭土 19

由安德森·兰奇(Anderson Ranch)研发的志野化妆土,10号测温锥(1 300℃),还原气氛
霞石正长石 36       高岭土 28
锂辉石 12          球土 12
钠长石 9           纯碱 3
+膨润土 3

志野釉,10号测温锥(1 300℃),还原气氛,由丽莎·哈蒙德(Lisa Hammond)研发
钠长石 70           球土 30

线图上的编号与对面页中釉料配方的编号一一对应。

釉上生花——特殊效果的釉料

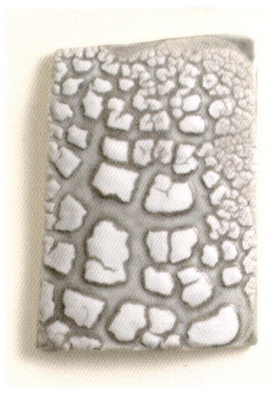

在灰色缎面哑光釉上罩一层开片釉,8号测温锥(1 250℃)。灰色缎面哑光釉,8号测温锥(1 250℃)
钾长石 33
滑石 21
碳酸钙 12
石英 16
瓷土 15
氧化锌 3
+
氧化钴 2
红色氧化铁 2
二氧化锰 2
氧化镍 1

★ **4** 锌基开片釉[由马特·卡茨(Matt Katz)研发],8号至10号测温锥(1 260℃至1 280℃)。对应斯塔尔(R. T. Stull)特殊效果线图上的4号釉料(施釉层宜厚不宜薄)
霞石正长石 39
氧化锌 19
燧石 11
瓷土 32

★ **1** 开片釉,8号测温锥(1 260℃)。对应斯塔尔(R. T. Stull)特殊效果线图上的1号釉料
霞石正长石 50
轻质碳酸镁 40
标准硼砂熔块 10

粉红色开片釉,8号至10号测温锥(1 260℃至1 280℃)
锌基开片釉
+ 氧化铬 0.5

黑色化妆土上罩1号开片釉

粉红色珠状开片釉,8号测温锥(1 260℃)
锌基开片釉
+ 氧化铬 0.5
硼酸钙熔块 2

线图上的编号与前文中釉料配方的编号一一对应。

16 开片釉（亦称"地衣釉"）

右图：弗吉尼亚·斯科特
（Virginia Scotchie）
《铬旋钮》，2017 年
炻器坯料，布满肌理的釉料，中温烧制，尺寸：30 cm × 20 cm × 20 cm

带伤痕状肌理的绿釉，3 号至 8 号测温锥（1 150℃至 1 250℃）
（烧窑时会挥发氟气，需确保通风良好）

动物骨灰 77.3
冰晶石 13.7
钠长石 8.6
碳酸钡 0.4
+ 氧化铬 2

左图：霍利斯·恩格利（Hollis Engley）
《深色开片釉瓶》，瓶身上饰以由安德森·兰奇（Anderson Ranch）研发的志野化妆土。含铁坯料来自星工场陶艺用品公司（STARworks Ceramics），该公司位于北卡罗来纳州的锡格罗夫市（Seagrove）。所使用的釉料是一种志野化妆土，其配方的研发者为科罗拉多州的安德森·兰奇（Anderson Ranch），和大多数志野釉一样，施釉层较厚时会出现开片现象。坯料和志野化妆土的烧成温度均为 10 号测温锥的熔点温度（或许更高一点），所使用的窑炉为克里斯·古斯汀（Chris Gustin）的阶梯窑，该窑炉位于马萨诸塞州的南达特茅斯市（Dartmouth），距离我们位于科德角（Cape Cod）半岛的工作室不远

# 17 火山釉（亦称"熔岩釉"）

　　火山釉又被称为"熔岩釉"，最早出现于20世纪中叶的欧洲，其研发者为伦敦的移民陶艺家露西·里（Lucie Rie），以及洛杉矶的移民陶艺家格特鲁德·纳兹勒（Gertrud Natzler）和奥托·纳兹勒（Otto Natzler）。火山釉的配制方法通常为往哑光釉配方内添加碳化硅。在烧窑的过程中，碳化硅分解后与釉料中的氧化物发生反应，并挥发出二氧化碳。碳化硅的添加量非常少（0.2%至2%），大量（2%至5%）添加时会使釉料呈现出灰色调，挥发出来的二氧化碳会使釉面起泡。有些陶艺家喜欢使用细颗粒的碳化硅（220目至1 200目），而其他陶艺家则喜欢使用粗颗粒的碳化硅（60目至120目）。碳化硅的粒径与二氧化碳的排放量、釉坑的大小及其分布范围密切相关。二氧化钛和碳化硅极易发生反应，施釉层较厚时能生成大凹坑。有些陶艺家借助毛笔为坯体施釉。碳化硅的沉淀速度极快，所以在施釉时需要经常搅拌釉液。在烧窑的过程中，因为釉面极其黏稠，所以由二氧化碳气泡形成的釉坑无法愈合。由钡和锶配制的哑光火山釉深得陶艺家青睐，原因是可以借助着色氧化物（特别是铜和钒）为这两种釉料着色，令其呈现出艳丽的色调。当釉料配方内没有二氧化钛时，碳化硅可以将氧化铜还原为红色。火山釉不适用于装饰日用陶瓷器皿，但很适合装饰花瓶和雕塑作品的外壁。

釉上生花——特殊效果的釉料

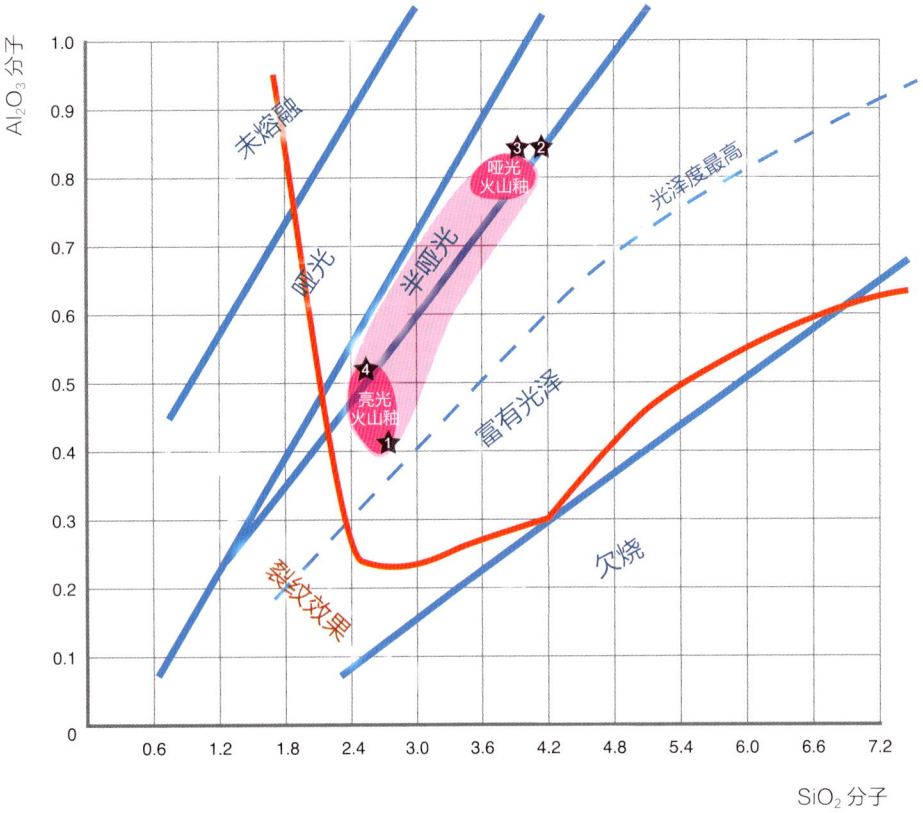

亮光火山釉和哑光火山釉位于深粉红色区域，而浅粉色区域则位于氧化铝与二氧化硅的分子比为1：4的直线上或者附近。线图上的编号与后文中釉料配方的编号一一对应。对此图的解读详见第一部分1 认识釉料

对照斯塔尔（R. T. Stull）特殊效果线图，这两种类型的火山釉，一种是富有光泽的，另外一种是半哑光的，但它们都位于氧化铝与二氧化硅的分子比为1：5的直线上。越靠近线条的右侧，烧成温度越高。火山釉可作为其他哑光釉的底釉或者面釉使用。往配方内含有碳化硅的化妆土层上罩一层哑光釉，也能获得类似于火山釉的外观效果。含有氧化铁和二氧化锰的深色黏土也会挥发气体，并与覆盖其上的哑光釉发生反应。某些火山釉经过烧制后，釉面上会出现粗糙的釉泡，需要进一步打磨修整。此处介绍的钡基哑光火山釉配方在较高的烧成温度（大约1 280℃）下效果更好，原因是碳化硅需要足够高的热量和足够长的时间才能与釉中配方内的氧化物发生反应并分解。当烧成温度较低时，需要在窑温达到峰值温度后保温烧成20分钟至40分钟，这样做有助于气体挥发。

其他可用作发泡剂的原料还包括冰晶石、锂云母（两者都能挥发出有毒的氟气）和五氧化二钒（微溶且有毒）。由于上述原料属于有毒物质，所以大多数青睐火山釉的陶艺家更喜欢使用碳化硅。

前两页图：迈克·哈姆林（Mike Hamlin）
《嫩芽花瓶家族》
红色陶器，泥板成型结合捏塑成型。借助油漆刷为坯体施釉，在器壁的下侧3/4涂3层釉，在器壁的上侧1/4涂10层釉。由于顶部的釉层更厚重，所以烧成后的釉面呈流淌状。电窑烧至1 184℃后缓慢降温

前页图：卡特丽娜·佩查（Katrina Pechal）
《瓶子》
拉坯成型的炻器，素烧化妆土，钡基火山釉，9号测温锥

## 17 火山釉（亦称"熔岩釉"）

**1** 白色缎面哑光火山釉［由马里利（Marilee）研发］，6号测温锥（1222℃）。对应斯塔尔（R. T. Stull）特殊效果线图上的1号釉料

钾长石 50
碳酸钙 24
瓷土 13
二氧化硅 13
+
氧化钛 11
碳化硅 0.3

带纹理的黄色钒基哑光釉，8号测温锥（1260℃）（非食品安全级）

钾长石 50
白云石 20
瓷土 20
骨灰 10
+
五氧化二钒 5

**4** 绿松石色钡基火山釉，8号测温锥（1260℃），作为瓷泥化妆土+1%碳化硅。对应斯塔尔（R. T. Stull）特殊效果线图上的4号釉料（非食品安全级）将这种釉料罩在含有碳化硅的化妆土层上烧制效果更好。

霞石正长石 55　　碳酸钡 25
碳酸锂 2　　　　燧石 8
瓷土 6　　　　　硼酸钙熔块 5
+　　　　　　　二氧化钛 5
氧化铜 1　　　　碳化硅 1

线图上的编号与前文中釉料配方的编号一一对应

# 釉上生花——特殊效果的釉料

**2** 钡基哑光火山釉（由盛内亚纪研发），9号测温锥（1280℃）。对应斯塔尔（R. T. Stull）特殊效果线图上的2号釉料（非食品安全级）

霞石正长石 60
碳酸钡 18
瓷土 11
石英 13
+
碳化硅 4

镁基灰色哑光火山釉，8号测温锥（1250℃）

钾长石 33
滑石 21
石英 16
瓷土 15
碳酸钙 12
氧化锌 3
+
二氧化钛 5
碳化硅 2

钡基绿松石色火山釉，其下覆盖棕黑色亮光底釉，8号测温锥（1250℃）

长石 27
石英 32
碳酸钙 21
瓷土 10
+
红色氧化铁 10
氧化钴 1

对页图：白色缎面哑光火山釉试片（1号釉），配方内混合了各种添加剂

顶部白色试片：6号测温锥（1222℃）

左侧大试片：9号测温锥（1280℃）

右侧一系列试片：白色缎面哑光火山釉，另外添加：
+ 钴 0.5
+ 铜 1
+ 铬 0.3
+ 钒黄着色剂 1
+ 钒黄着色剂 8

## 17　火山釉（亦称"熔岩釉"）

白色缎面哑光火山釉［由马里利（Marilee）研发］，9号测温锥（1280℃），保温烧成20分钟（与前文中的1号釉料配方相同，但烧成温度更高）
钾长石 50
碳酸钙 24
瓷土 13
二氧化硅 13
+
氧化钛 11
碳化硅 0.3

额外添加：
氧化钴 0.5
氧化铜 1
氧化铬 0.3
钒黄着色剂 1
钒黄着色剂 8

## 17 火山釉（亦称"熔岩釉"）

**3** 钡基火山釉（由平井明子研发），9号测温锥（1 280℃），保温烧成20分钟。对应斯塔尔（R. T. Stull）特殊效果线图上的3号釉料（非食品安全级）

| | |
|---|---|
| 霞石正长石 60 | 额外添加： |
| 碳酸钡 18 | 氧化钴 0.5 |
| 瓷土 11 | 氧化铜 1 |
| 石英 10 | 氧化铬 0.3 |
| + | 钒黄着色剂 1 |
| 金红石 2 | 钒黄着色剂 8 |
| 碳化硅 2 | |

上图：约瑟芬娜·伊萨扎（Josefina Isaza）
陶瓷雕塑，钡基哑光火山釉，9号测温锥

对页图：卡特丽娜·佩查（Katrina Pechal）
《细腰花瓶》
拉坯成型的炻器，素烧化妆土，钡基釉料，9号测温锥

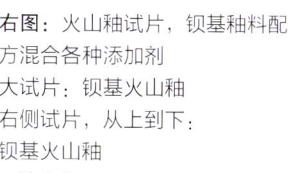

右图：火山釉试片，钡基釉料配方混合各种添加剂
大试片：钡基火山釉
右侧试片，从上到下：
钡基火山釉
+ 钴 0.5
+ 铜 1
+ 铬 0.3
+ 钒黄着色剂 1
+ 钒黄着色剂 8

**2** 钡基哑光火山釉［由盛内亚纪（Aki Moriuchi）研发］，9号测温锥（1280℃），氧化气氛保温烧成20分钟。对应斯塔尔（R. T. Stull）特殊效果线图上的2号釉料（非食品安全级）

霞石正长石 60
碳酸钡 18
瓷土 11
石英 13
+
碳化硅 4

额外添加：
氧化钴 0.5
氧化铜 1
氧化铬 0.3
钒黄着色剂 1
钒黄着色剂 8
锆黄着色剂 8

锶基哑光火山釉，9号测温锥（1280℃），氧化气氛（用锶代替钡）

霞石正长石 61
碳酸锶 14
瓷土 11
石英 10
+
二氧化钛 2
碳化硅 2

白云石基哑光火山釉，由雅基·拉姆拉伊卡（Jacqui Ramrayka）研发，8号测温锥（1260℃）

钾长石 51
瓷土 25
白云石 21
碳酸钙 3
+
碳化硅 2

上图：钡基哑光火山釉试片，配方内混合各种添加剂［对应斯塔尔（R. T. Stull）特殊效果线图上的2号釉料］。顺序如图所示，从左到右：
+ 钴 0.5
+ 铜 1
+ 铬 0.3
+ 钒黄着色剂 1
+ 钒黄着色剂 8
+ 锆黄着色剂 8

左图：雅基·拉姆拉伊卡（Jacqui Ramrayka）拉坯成型的瓷器，饰以氧化铜和火山釉

对页下图：卡里斯·戴维斯（Carys Davies）《卵石肌理小罐》拉坯成型的瓷器，化妆土，火山釉

17 火山釉(亦称"熔岩釉")

上图:迈克·哈姆林(Mike Hamlin)
《火山釉盘子》,2017年
拉坯成型的红色陶器。火山釉,电窑烧至1 184℃后慢速降温,尺寸:68.5 cm×5 cm×5 cm

# 18 油滴釉

传统的油滴釉多为深褐色或者黑色,釉料配方内的红色氧化铁含量通常在6%至10%之间。当烧成温度介于1 210℃至1 232℃(6号至7号测温锥)时,三角形晶体结构的红色三氧化二铁会转变为立方体形晶体结构的磁铁矿四氧化三铁,挥发出来的氧气泡会将磁铁矿引至釉层表面,并形成深色的斑点。油滴釉的施釉层宜厚不宜薄,通常是在氧化气氛中烧制,其传统烧成温度为9号至10号测温锥的熔点温度,也适用于6号至8号测温锥。以滑石或者白云石的形式往釉料配方内添加镁,可以增加熔融釉液的黏稠度,有利于生成斑点。在深色含铁釉面上罩一层白色乳浊釉,可以强化油滴外观。在类似的烧成温度下,氧化铜也会挥发氧气,在含铜釉面上罩一层乳浊哑光釉,可以获得绿松石色油滴肌理。由于油滴釉比火山釉更具流动性,所以釉面上由气体挥发形成的凹坑最终可以愈合成光滑且富有光泽的斑点。也正因为这个原因,油滴釉很适合装饰日用陶瓷产品。

对页图:苏莱曼·萨巴(Suleyman Saba)
《铁基油滴釉大花瓶》
由油滴釉装饰的炻器

右图:安妮·詹宁斯(Annie Jennings)
《炻器大碗》
电窑升温至1 280℃后保温烧成20分钟。所使用的褐色油滴釉由迈克尔·贝利(Michael Bailey)研发,油滴釉上罩了一层白色裂纹釉。迈克尔·贝利(Michael Bailey)研发的褐色油滴釉,10号测温锥(1 280℃)保温烧成20分钟

钾长石 26
钠长石 36
白云石 5
滑石 5
3110号熔块 5
石英 8
瓷土 15
+
红色氧化铁 6

**白色裂纹面釉,10号测温锥(1 280℃)**

钠长石 83
碳酸钙 8
石英 8
+
硅酸锆 10

釉上生花——特殊效果的釉料

铁红色釉［由迈克尔·贝利（Michael Bailey）研发］，6号至8号测温锥（1240℃至1260℃），上面罩一层白色乳浊釉
钾长石 47
动物骨灰 15
碳酸锂 4
滑石 17
石英 11.5
瓷土 6
+
红色氧化铁 11.5

褐色亮光底釉，8号测温锥（1250℃），上面罩一层白色乳浊釉（用这种釉料装饰垂直形作品时，釉面有些许流动）
钾长石 34
石英 23
硼砂熔块 14
瓷土 13
碳酸钙 11
白云石 5
+
红色氧化铁 10

绿松石色亮光底釉，8号测温锥（1250℃），上面罩一层白色乳浊釉（这种釉料具有很强的流动性，装饰平坦的造型时效果最好。用标准的硼砂熔块代替硼酸钙熔块时，釉面的流动性较低）
钾长石 45　　　　石英 17
硼酸钙熔块 15　　碳酸钙 14
瓷土 5　　　　　　+
氧化铜 1

黑褐色亮光底釉，8号测温锥（1250℃），上面罩一层白色乳浊釉（这是一种不易流动的釉料）
长石 27
石英 32
碳酸钙 21
瓷土 10
+
红色氧化铁 10
氧化钴 1

黑色亮光底釉，8号测温锥（1250℃），上面罩一层白色乳浊釉（白色面釉的施釉层较薄时，可以生成斑点效果；施釉层较厚时，可以生成收缩和开片效果）
钾长石 34
石英 28
硼砂熔块 14
瓷土 13
碳酸钙 11
白云石 5
+
红色氧化铁 10
氧化钴 1

白色缎面哑光乳浊釉，下面罩一层黑色亮光底釉，8号测温锥（1250℃），上面罩一层白色乳浊釉（用上述黑色釉料装饰垂直形作品时，釉面有些许流动）
钾长石 33　　　　滑石 21
碳酸钙 12　　　　石英 16
瓷土 15　　　　　氧化锌 3
+　　　　　　　　硅酸锆 5

右图：油滴釉试片
上排：铁红色釉＋白色乳浊釉，黑褐色亮光釉＋白色乳浊釉
中排：褐色亮光釉＋白色乳浊釉，黑色亮光釉＋白色乳浊釉
下排：具有流动性的绿松石色釉＋白色乳浊釉，黑色亮光釉＋白色不透明（垂直形试片）。黑色亮光底釉和白色乳浊面釉（垂直形炻器试片）。其他试片均为水平烧制的瓷器试片

釉上生花——特殊效果的釉料

对页图：琳达·布鲁姆菲尔德（Linda Bloomfield）在碗上测试油滴釉

左上：具有流动性的绿松石色釉，配方内不含石英

右上：黑褐色亮光釉，上面罩一层白色乳浊釉

左下：白色乳浊釉下面罩一层具有流动性的绿松石色釉

右下：绿松石色釉配方内添加石英6份、瓷土8份，上面罩一层白色滑石釉，拉坯成型的瓷器，8号测温锥（1 250℃）

右上图：安妮·詹宁斯（Annie Jennings）
《炻器马克杯》
电窑升温至1 280℃后保温烧成20分钟。所使用的褐色油滴釉由迈克尔·贝利（Michael Bailey）研发，油滴釉上罩了一层白色裂纹釉

右下图：安妮·詹宁斯（Annie Jennings）
《炻器碗》
电窑升温至1 280℃后保温烧成20分钟。所使用的褐色油滴釉由迈克尔·贝利（Michael Bailey）研发，油滴釉上罩了一层白色裂纹釉

# 19 金属釉

有些金属釉被归类为陶瓷着色剂而非釉料，原因是其配方内的二氧化硅含量很少，并且它们是由着色氧化物和黏土混合而成的。金属釉的配制方法是往釉料配方内添加着色氧化物（通常为氧化铜和氧化锰）。此类釉料的施釉层较薄时会生成黑色，施釉层足够厚时才能呈现出青铜色。但需要注意的是，当釉层过厚时，釉面上可能会出现褶皱状肌理。过量的铜和锰无法溶解，进而在釉面上生成青铜般的外观效果。某些金属釉配方内会添加氧化钴，但这种物质售价昂贵，使用镍、锰或者铜也能获得相同的外观。烧窑时，务必远离金属釉挥发出来的烟雾，因为其中包含有毒的二氧化锰。确保窑房内通风良好。金属釉不适用于装饰日用陶瓷餐具，因为它们基本上就是氧化锰和氧化铜的溶液。

其他金属釉的配方内含有过量的着色氧化物，例如氧化锰、氧化铁、氧化铜和氧化钴的混合物。

**对页图**：塔兹·波拉德（Taz Pollard）
《梅内斯（Merneith）花园雕塑》陶瓷结合金属铆钉和铜丝。青铜釉配方由斯蒂芬·穆菲特（Stephen Murfitt）研发，尺寸：1.3 m × 40 cm
摄影师：约翰·拉塞尔（John Russel）

**右图**：金属釉试片
左侧：外观干涩的青铜黑色金属釉
右侧：青铜色金属釉

外观干涩的青铜黑色金属釉，8号至10号测温锥（1 260℃至1 280℃）（想让金属釉面生成结晶时，试着将长石的添加量增加到65，将黏土的添加量减少到5）
红色黏土 40
钾长石 30
二氧化锰 26
氧化铜 4

青铜釉［由史蒂夫·奥格登（Steve Ogden）研发］，2号至6号测温锥（1 160℃至1 220℃）
红色陶器坯料 20
瓷土 10
二氧化锰 60
氧化铜 10

釉上生花——特殊效果的釉料

**青灰色釉**[由斯蒂芬·穆菲特（Stephen Murfitt）研发]，
6号至8号测温锥（1 240℃至1 260℃）

| 二氧化锰 77 | 瓷土 23 |

**青铜釉**[由彼得·威尔斯（Peter Wills）研发]，8号至
10号测温锥（1 260℃至1 280℃）

| FFF 长石 24 | 碳酸钡 24 |
| 二氧化锰 36 | 氧化铜 12 |
| 膨润土 5 | |

**青铜釉**[由斯蒂芬·穆菲特（Stephen Murfitt）研发]，
6号至8号测温锥（1 240℃至1 260℃）

| 二氧化锰 61 | 瓷土 23 |
| 氧化铜 8 | 氧化钴 8 |

**上图**：彼得·威尔斯（Peter Wills）由粉红色釉和青铜釉装饰的瓷碗，黏土取釉，拉坯成型的瓷器，电窑烧至1 280℃

**下图**：理查德·巴克斯特（Richard Baxter）拉坯成型的瓷瓶，青铜釉，电窑烧至1 240℃

**对页图**：琳达·布鲁姆菲尔德（Linda Bloomfield）制作的瓷碗试片
左上：碳化硅铜红釉
右上和左下：具有流动性的淡粉色釉，以及外观干涩的金属质感青铜釉
右下：白色缎面哑光滑石釉，以及外观干涩的金属质感青铜釉。8号测温锥（1 250℃）

19 金属釉

143

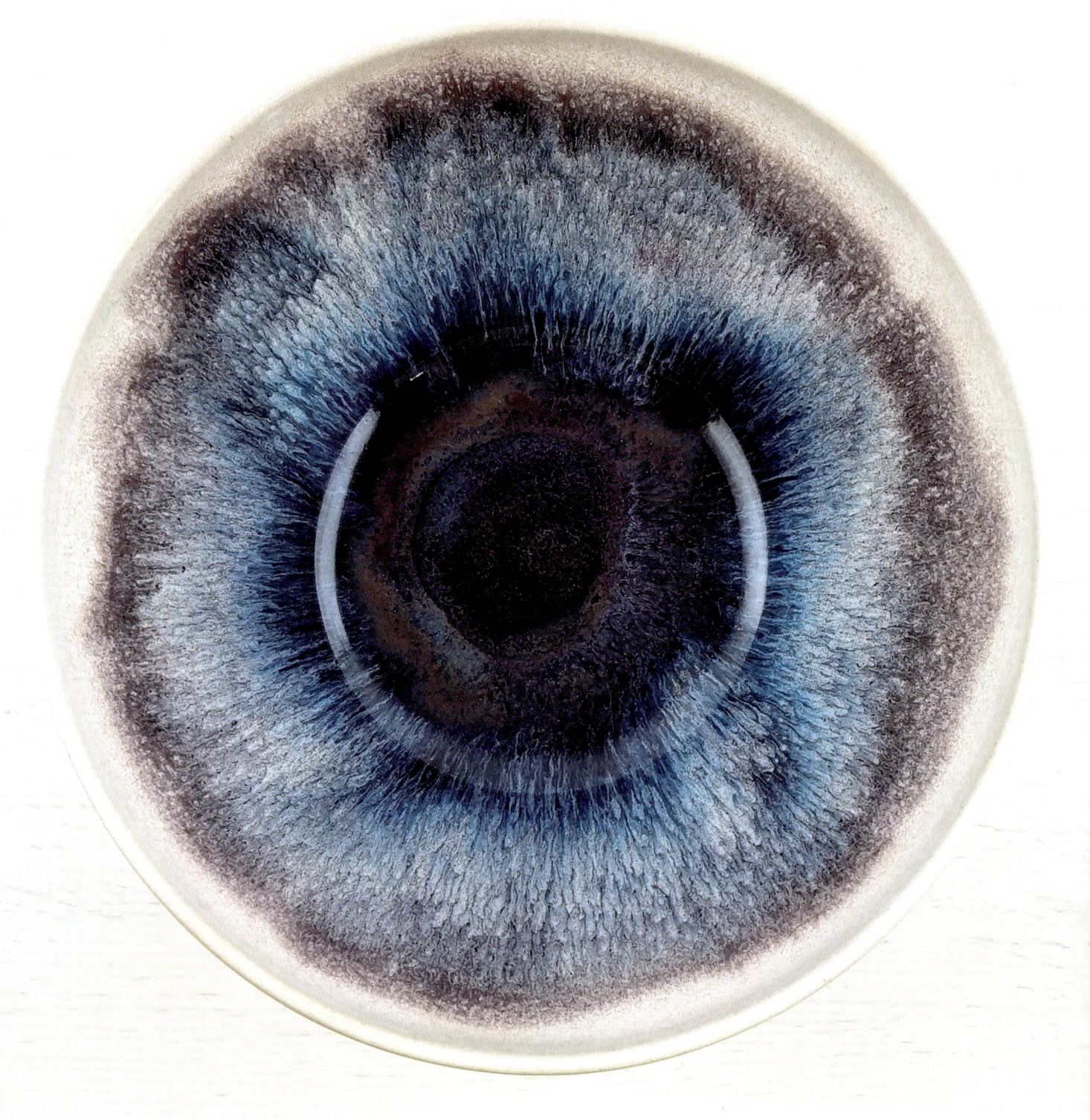

# 20 组合釉

可以将两种不同的釉料分层喷涂在同一个坯体上，它们会发生反应。也可以在哑光釉下罩一层配方内含有碳化硅的化妆土。有些陶艺家喜欢在半干或者干透的坯体上喷涂上述化妆土，而另外一些陶艺家则喜欢在素烧坯体上喷涂经过素烧的化妆土。往坯料或者化妆土内添加氧化铁、二氧化锰或者颗粒状钛铁矿，可以让釉面呈现出针眼、凹坑和黑色斑点。

对页图：乔·汤普森（Joe Thompson）
《旧福奇（Old Forge）生物》拉坯成型的炻器碗。面釉为朱恩·佩里（June Perry）研发的紫色（铬、锡）釉，底釉为风暴蓝色釉（钴、金红石）。5号至6号测温锥，直径：20 cm，高：8 cm

右图：卡特丽娜·佩查（Katrina Pechal）
炻器花瓶，饰以配方内含有碳化硅的素烧化妆土，以及配方内含有铜和钒的钡基釉料，9号测温锥

# 结语

特殊效果釉料通常已达到常规釉料的稳定性和持久度的极限数值。结晶釉的氧化铝含量较低，流动釉亦是如此。裂纹釉由具有高膨胀系数的原料配制而成，例如霞石正长石；开片釉由具有干燥收缩特性的原料配制而成，例如轻质碳酸镁、黏土或者氧化锌。在烧窑的过程中，某些原料会挥发气体，有时可以生成一系列外观效果，油滴釉和火山釉即源自此。经过研磨的碳化硅粉末还有另外一种用途——作为还原剂使用。陶艺家可以借助它在电窑中烧制出青釉和铜红釉。往釉料配方内添加过量的诸如氧化锰和氧化铜类的着色氧化物，可以使釉面呈现出金属般的外观效果。上述釉料最适合装饰型和雕塑型陶艺作品。

我希望同行们能通过此书学会如何操控"普通"釉料，让其呈现出各种特殊效果。我在书中列出了一些如何超越常规釉料极限范围的方法，通过它们可以获得很多有趣的外观效果。我希望以此为契机，让同行们有信心亲自尝试配制特殊效果釉料。

## 作者简介

琳达·布鲁姆菲尔德（Linda Bloomfield）是一位科学家出身的陶艺家。除了本书之外，她的著作还包括《陶艺进阶》[*Advanced Pottery*，罗伯特·黑尔出版有限公司（Robert Hale），2011年]、《釉料中的颜色》[*Colour in Glazes*，首版由A&C布莱克出版有限公司出版发行（A&C Black），2012年；第二版由赫伯特出版有限公司出版发行（Herbert Press），2019年]、《釉料配方手册》[*The Handbook of Glaze Recipes*，布鲁姆伯利出版有限公司（Bloomsbury），2014年]、《陶艺中的科学》(*Science for Potters*，美国陶瓷学会，2017年)，上述著作中收录了更多釉料配方。

卡特丽娜·佩查（Katrina Pechal）
炻器碗，饰以配方内含有碳化硅的素烧化妆土，以及配方内含有铜和钒的钡基釉料，9号测温锥

# 扩展阅读

Bloomfield, Linda, March 2014, 'Opalescent Chun-style glazes', *Ceramic Review*.

Bloomfield, Linda, January 2018, 'A material of many colours: rutile', *Ceramic Review*.

Bloomfield, Linda, 4, June 2018, 'Making glazes', *Clay Craft Magazine*.

Glazy.org, online glaze calculation by Derek Au.

Hansen, Tony, Ceramic materials online database, Digitalfire corporation, digitalfire.com.

Katz M., Gebhart T. and Carty W., 2003, 'The re-evaluation of the unity molecular formula limits for glazes', *Ceramic Engineering and Science Proceedings 24 (2)*, 13.

Katz, Matt, 2016, 'Glossed over: Durable Glazes', NCECA vol. 37.

Katz, Matt, Understanding Glazes lectures, CeramicMaterialsWorkshop.com.

Slade R. and Wood N., 2002, 'The production of classic Chinese glazes in oxidising kiln atmospheres using elemental silicon as a reducing agent'. Shanghai Institute of Ceramics, Chinese Academy of Sciences.

Stull, R.T., 1912, 'Influence of silica and alumina on porcelain glazes', *Transactions of the American Ceramic Society 14*, 62.

Bailey, Michael, *Glazes Cone 6, 1240°C*, A&C Black, 2001.

Bloomfield, Linda, *The Handbook of Glaze Recipes*, Bloomsbury, 2014.

Bloomfield, Linda, *Science for Potters*, 2017, American Ceramic Society.

Britt, John, *The Complete Guide to Mid-range Glazes: Glazing & Firing at Cones 4–7*, Lark Books, 2014.

Constant, Christine and Ogden, Steve, *The Potter's Palette*, Quarto, 1996.

Cooper, Emmanuel, *Cooper's Book of Glaze Recipes*, Batsford, 1987.

Cooper, Emmanuel, *The Complete Potter: Glazes*, Batsford, 1992.

Cooper, Emmanuel and Royle, Derek, *Glazes for the Studio Potter*, Batsford, 1984.

Currie, Ian, *Stoneware Glazes. A Systematic Approach*, Bootstrap Press, 1985.

Currie, Ian, Revealing Glazes. *Using the Grid Method*, Bootstrap Press, 2000.

Daly, Greg, *Developing Glazes,* Bloomsbury, 2013

De Montmollin, Daniel, 'The practice of stoneware glazes, minerals, rocks, ashes', *La Revue de La Céramique at Du Verre*, France, 2005.

Forrest, Miranda, *Natural Glazes: collecting and making*, A&C Black, 2013.

Fraser, Harry, *Glazes for the Craft Potter*, A&C Black, 1973.

Green, D., *Pottery Glazing Basics*, Coles Publishing Company, 1980.

Hamer, F. & J., *The Potter's Dictionary of Materials and Techniques*, sixth edition, Bloomsbury, 2015.

Hesselberth, John and Roy, Ron, *Mastering Cone 6 Glazes: Improving Durability, Fit and Aesthetics*, Glaze Master Press, 2002.

Hopper, Robin, *The Ceramic Spectrum: A simplified approach to glaze and colour development*, Krause publications, 1984.

Jernegan, Jeremy, *Dry Glazes*, A&C Black, 2009

Murfitt, Stephen, *The Glaze Book*, Thames and Hudson, 2002.

Parmelee, C.W. *Ceramic Glazes*, revised by C.G. Harman, third edition, Cahners Publishing Company, 1973.

Rhodes, Daniel, *Clay and Glazes for the Potter*, Krause Publications, 1973.

Rogers, Phil, *Ash Glazes*, A&C Black, 1991.

Sanders, Herbert H., *Glazes for Special Effects*, Watson-Guptill, 1975.

Taylor, J.R. and Bull, A.C., *Ceramics Glaze Technology*, Pergamon Press, 1986.

# 附录

## 附录1 美国市面上出售的配釉原料：英国原料的替代品

有些原料没有直接等效物，但可以将其他原料混合在一起作为代替品。

| 英国 | 美国 |
| --- | --- |
| HVAR 球土 | 田纳西球土 |
| Hymod AT 球土 | 肯塔基州 OM-4 球土 |
| Hyplas 71 球土 | 肯塔基州石头 |
| 膨润土 | 膨润土、硅藻土、硅酸镁铝 |
| 硼熔块 | 费罗牌（Ferro）3124号熔块、佩姆克牌（Pemco）P-54号熔块、泽斯特利牌（Gerstley）硼酸盐 |
| 硼酸钙熔块 | 费罗牌（Ferro）3134号和3195号熔块、硬硼酸钙石 |
| 瓷土 | 埃德加塑型高岭土（EPK）、泰尔牌（Tile）6号高岭土、乔治亚高岭土 |
| 康沃尔石 | 康沃尔石 |
| 迪斯佩克斯牌（Dispex）水性分散剂 | 达凡牌（Darvan）水性分散剂 |
| FFF 长石 | 卡斯特牌（Custer）长石，外加明斯帕牌（Minspar）高岭土或者霞石正长石 |
| 钾长石 | 卡斯特牌（Custer）长石、G-200长石、马哈维尔牌（Mahavir）长石 |
| 钠长石 | 科纳牌（Kona）F-4号长石、NC 4长石、明斯帕牌（Minspar）200号长石 |
| 燧石 | 二氧化硅 |
| 弗雷明顿（Fremington）红色黏土 | 红艺牌（Redart）黏土、艾伯塔牌（Alberta）化妆土 |
| 高碱熔块 | 费罗牌（Ferro）3110号熔块、佩姆克牌（Pemco）P-25号熔块 |
| 低膨胀熔块 | 费罗牌（Ferro）3249号熔块 |
| 石英 | 二氧化硅 |
| 硅酸锆 | 齐尔可帕克斯牌（Zircopax）、苏珀帕克斯牌（Superpax）、乌尔特罗克斯牌（Ultrox）硅酸盐 |

米尔卡·戈登·汉（Mirka Golden Hann）
黏土系列炻器碗，玻化裂纹化妆土和釉料，还原气氛

## 附录 2 奥顿测温锥的烧成温度

测温锥测量的是热功（heatwork），与加热速率息息相关。缓慢升温可以令测温锥在较低的烧成温度下熔融弯曲。

| 测温锥编码 | 加热速率 | | | |
|---|---|---|---|---|
| | 60℃/h | 108℉/h | 150℃/h | 270℉/h |
| 09 | 917 | 1 683 | 928 | 1 702 |
| 08 | 942 | 1 728 | 954 | 1 749 |
| 07 | 973 | 1 783 | 984 | 1 805 |
| 06 | 995 | 1 823 | 985 | 1 852 |
| 05 | 1 030 | 1 886 | 1 046 | 1 915 |
| 04 | 1 060 | 1 940 | 1 070 | 1 958 |
| 03 | 1 086 | 1 987 | 1 101 | 2 014 |
| 02 | 1 101 | 2 014 | 1 120 | 2 048 |
| 01 | 1 117 | 2 043 | 1 137 | 1 079 |
| 1 | 1 136 | 2 077 | 1 154 | 2 109 |
| 2 | 1 142 | 2 088 | 1 162 | 2 124 |
| 3 | 1 152 | 2 106 | 1 168 | 2 134 |
| 4 | 1 160 | 2 120 | 1 181 | 2 158 |
| 5 | 1 184 | 2 163 | 1 205 | 2 201 |
| 6 | 1 220 | 2 228 | 1 241 | 2 266 |
| 7 | 1 237 | 2 259 | 1 255 | 2 291 |
| 8 | 1 247 | 2 277 | 1 269 | 2 316 |
| 9 | 1 257 | 2 295 | 1 278 | 2 332 |
| 10 | 1 282 | 2 340 | 1 303 | 2 377 |
| 11 | 1 293 | 2 359 | 1 312 | 2 394 |
| 12 | 1 304 | 2 379 | 1 324 | 2 415 |
| 13 | 1 321 | 2 410 | 1 346 | 2 455 |
| 14 | 1 388 | 2 530 | 1 366 | 2 491 |

## 附录3 陶瓷原料清单

陶瓷原料、化学式、分子或者等效重量*（1个分子）。

| 原　料 | 化　学　式 | 分子量 |
| --- | --- | --- |
| 铝 | $Al_2O_3$ | 102 |
| 氢氧化铝 | $Al(OH)_3$ | 78* |
| 碳酸钡 | $BaCO_3$ | 197.3 |
| 膨润土 | $Al_2O_3 \cdot 4SiO_2 \cdot H_2O$ | 360.3 |
| 动物骨灰（磷酸钙） | $Ca_3(PO_4)_2$ | 103* |
| 硼砂 | $Na_2O \cdot B_2O_3 \cdot 10H_2O$ | 381.4 |
| 氧化硼 | $B_2O_3$ | 69.6 |
| 硼酸钙 | $Ca(BO_2)_2$ | 125.7 |
| 氧化铈 | $CeO_2$ | 172.1 |
| 瓷土 | $Al_2O_3 \cdot 2SiO_2 \cdot 2H_2O$ | 258.2 |
| 硬硼酸钙石 | $2CaO \cdot 3B_2O_3 \cdot 5H_2O$ | 206* |
| 康沃尔石 | $K_2O \cdot Al_2O_3 \cdot 8SiO_2$ | 676.8 |
| 氧化铬 | $Cr_2O_3$ | 152 |
| 氧化钴 | $CoO$ | 74.9 |
| 氧化铜 | $CuO$ | 79.5 |
| 冰晶石 | $Na_3AlF_6$ | 210 |
| 白云石 | $CaCO_3 \cdot MgCO_3$ | 184.4 |
| 氧化铒 | $Er_2O_3$ | 382.5 |
| 钠长石 | $Na_2O \cdot Al_2O_3 \cdot 6SiO_2$ | 524.4 |
| 钾长石（正长石） | $K_2O \cdot Al_2O_3 \cdot 6SiO_2$ | 556.4 |
| 钙长石 | $CaO \cdot Al_2O_3 \cdot 2SiO_2$ | 278.2 |
| 氟石 | $CaF_6$ | 78.1 |
| 钛铁矿 | $FeO \cdot TiO_2$ | 151.7 |
| 红色氧化铁 | $Fe_2O_3$ | 159.7 |
| 黑色氧化亚铁 | $FeO$ | 71.8 |
| 高岭土 | $Al_2O_3 \cdot 2SiO_2 \cdot 2H_2O$ | 258.2 |
| 蓝晶石 | $Al_2O_3 \cdot SiO_2$ | 162 |
| 二硅酸铅 | $PbO \cdot 2SiO_2$ | 343.4 |

续 表

| 原　料 | 化　学　式 | 分子量 |
|---|---|---|
| 氧化铅（一氧化铅） | PbO | 223.2 |
| 硫化铅（方铅矿） | PbS | 239.2 |
| 倍硅酸铅 | $2PbO \cdot 3SiO_2$ | 313.3* |
| 锂云母 | $LiFKF \cdot Al_2O_3 \cdot 3SiO_2$ | 366.3 |
| 碳酸锂 | $Li_2CO_3$ | 73.9 |
| 氧化镁 | MgO | 40.3 |
| 碳酸镁 | $Mg_2CO_3$ | 84.3 |
| 二氧化锰 | $MnO_2$ | 87 |
| 莫来石 | $3Al_2O_3 \cdot 2SiO_2$ | 426.1 |
| 氧化钕 | $Nd_2O_3$ | 336.5 |
| 霞石正长石 | $K_2O \cdot 3Na_2O \cdot 4Al_2O_3 \cdot 8SiO_2$ | 389.6* |
| 氧化镍 | NiO | 74.7 |
| 透锂长石 | $Li_2O \cdot Al_2O_3 \cdot 8SiO_2$ | 612.5 |
| 氧化镨 | $Pr_2O_3$ | 329.8 |
| 石英 | $SiO_2$ | 60.1 |
| 金红石 | $TiO_2$ | 79.9 |
| 碳化硅 | SiC | 40.1 |
| 硅 | $SiO_2$ | 60.1 |
| 尖晶石 | $MgAl_2O_4$ | 142.3 |
| 锂辉石 | $Li_2O \cdot Al_2O_3 \cdot 4SiO_2$ | 372.2 |
| 碳酸锶 | $SrCO_3$ | 147.6 |
| 滑石（硅酸镁） | $3MgO \cdot 4SiO_2 \cdot H_2O$ | 126.4* |
| 氧化锡 | $SnO_2$ | 150.7 |
| 氧化钛（钛铁矿） | $TiO_2$ | 79.9 |
| 五氧化二钒 | $V_2O_5$ | 181.9 |
| 碳酸钙 | $CaCO_3$ | 100.1 |
| 硅灰石（硅酸钙） | $CaSiO_3$ | 116.2 |
| 氧化锌 | ZnO | 81.4 |
| 硅酸锆 | $ZrSiO_4$ | 183.3 |

注：* 有些时候，当化学式内含有多个分子时会给出等效重量（含1个分子）。例如，滑石含有3个镁分子，因此用总分子量除以3，就能得到含有1个镁分子的滑石的等效重量。

# 附录 4 分子式中稳定釉料的极限范围

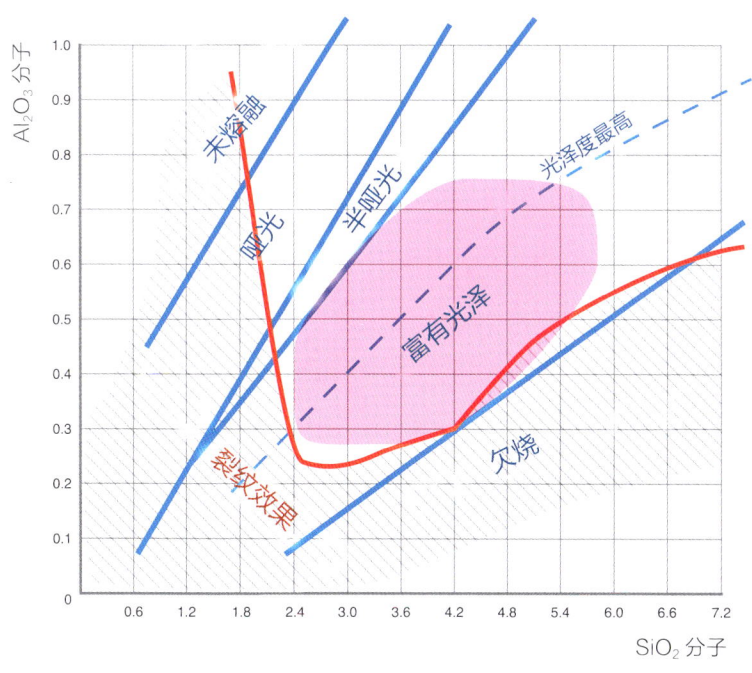

稳定釉料（可以放入洗碗机内放心洗涤的，以及达到食品安全级别的釉料）配方内的碱性金属（钾、钠）和碱土氧化物（钙、镁）的分子比例通常大约为 0.3 : 0.7（±0.1）。硅和铝的添加量与烧成温度成正比。对于烧成温度低于 9 号测温锥熔点温度（1 280℃）的釉料而言，需要添加足量的硼元素才能使釉料彻底熔融（8 号测温锥熔点温度的釉料，0.1 $B_2O_3$；04 号测温锥熔点温度的陶器釉料，0.5 $B_2O_3$）。

对于此图的解读详见第一部分 1 认识釉料

氧化铝和二氧化硅的极限范围 [伊曼纽尔·库珀（Emmanuel Cooper）和德里克·罗伊尔（Derek Royle），1984 年]

| 测温锥编码及其熔融温度 | | 分子式中的分子数 | | | |
|---|---|---|---|---|---|
| 04 号测温锥 | 1 060℃ | $Al_2O_3$ | 0.1 至 0.45 | $SiO_2$ | 1.375 至 3.15 |
| 5 号测温锥 | 1 200℃ | $Al_2O_3$ | 0.275 至 0.65 | $SiO_2$ | 2.4 至 4.7 |
| 6 号测温锥 | 1 225℃ | $Al_2O_3$ | 0.325 至 0.70 | $SiO_2$ | 2.6 至 5.15 |
| 8 号测温锥 | 1 250℃ | $Al_2O_3$ | 0.375 至 0.75 | $SiO_2$ | 3.0 至 5.75 |
| 9 号测温锥 | 1 275℃ | $Al_2O_3$ | 0.45 至 0.825 | $SiO_2$ | 3.5 至 6.4 |
| 10 号测温锥 | 1 300℃ | $Al_2O_3$ | 0.50 至 0.90 | $SiO_2$ | 4.0 至 7.2 |

分子式中助熔剂的最大添加量 [伊曼纽尔·库珀（Emmanuel Cooper）和德里克·罗伊尔（Derek Royle），1984 年]

| 测温锥编码 | 烧成温度 | MgO | BaO | ZnO | CaO | $B_2O_3$ | K+Na |
|---|---|---|---|---|---|---|---|
| 5 号测温锥 | 1 200℃ | 0.325 | 0.40 | 0.30 | 0.55 | 0.35 | 0.375 |
| 6 号测温锥 | 1 225℃ | 0.330 | 0.425 | 0.32 | 0.60 | 0.30 | 0.35 |
| 8 号测温锥 | 1 250℃ | 0.335 | 0.45 | 0.34 | 0.65 | 0.25 | 0.325 |
| 9 号测温锥 | 1 275℃ | 0.340 | 0.475 | 0.36 | 0.70 | 0.225 | 0.30 |
| 10 号测温锥 | 1 300℃ | 0.345 | 0.50 | 0.38 | 0.75 | 0.21 | 0.275 |

釉上生花——特殊效果的釉料

# 元素周期表

| 1 | | | | | | | | | |
|---|---|---|---|---|---|---|---|---|---|
| 1 H 氢 hydrogen 1.008 [1.0078, 1.0082] | 2 | | | | | | | | |
| 3 Li 锂 lithium 6.94 [6.938, 6.997] | 4 Be 铍 beryllium 9.0122 | | | 原子序数 → 1 H ← 元素符号<br>氢 ← 元素中文名称<br>hydrogen ← 元素英文名称<br>1.008 ← 惯用原子量<br>[1.0078, 1.0082] ← 标准原子量 | | | | | |
| 11 Na 钠 sodium 22.990 | 12 Mg 镁 magnesium 24.305 [24.304, 24.307] | 3 | 4 | 5 | 6 | 7 | 8 | 9 | |
| 19 K 钾 potassium 39.098 | 20 Ca 钙 calcium 40.078(4) | 21 Sc 钪 scandium 44.956 | 22 Ti 钛 titanium 47.867 | 23 V 钒 vanadium 50.942 | 24 Cr 铬 chromium 51.996 | 25 Mn 锰 manganese 54.938 | 26 Fe 铁 iron 55.845(2) | 27 Co 钴 cobalt 58.933 | |
| 37 Rb 铷 rubidium 85.468 | 38 Sr 锶 strontium 87.62 | 39 Y 钇 yttrium 88.906 | 40 Zr 锆 zirconium 91.224(2) | 41 Nb 铌 niobium 92.906 | 42 Mo 钼 molybdenum 95.95 | 43 Tc 锝 technetium | 44 Ru 钌 ruthenium 101.07(2) | 45 Rh 铑 rhodium 102.91 | |
| 55 Cs 铯 caesium 132.91 | 56 Ba 钡 barium 137.33 | 57-71 镧系 lanthanoids | 72 Hf 铪 hafnium 178.49(2) | 73 Ta 钽 tantalum 180.95 | 74 W 钨 tungsten 183.84 | 75 Re 铼 rhenium 186.21 | 76 Os 锇 osmium 190.23(3) | 77 Ir 铱 iridium 192.22 | |
| 87 Fr 钫 francium | 88 Ra 镭 radium | 89-103 锕系 actinoids | 104 Rf 𬬻 rutherfordium | 105 Db 𬭊 dubnium | 106 Sg 𬭳 seaborgium | 107 Bh 𬭛 bohrium | 108 Hs 𬭶 hassium | 109 Mt 鿏 meitnerium | |

| 57 La 镧 lanthanum 138.91 | 58 Ce 铈 cerium 140.12 | 59 Pr 镨 praseodymium 140.91 | 60 Nd 钕 neodymium 144.24 | 61 Pm 钷 promethium | 62 Sm 钐 samarium 150.36(2) |
|---|---|---|---|---|---|
| 89 Ac 锕 actinium | 90 Th 钍 thorium 232.04 | 91 Pa 镤 protactinium 231.04 | 92 U 铀 uranium 238.03 | 93 Np 镎 neptunium | 94 Pu 钚 plutonium |

附录

| | | | | | 18 |
|---|---|---|---|---|---|
| | | | | | 2 He<br>氦<br>helium<br>4.0026 |

| 13 | 14 | 15 | 16 | 17 | |
|---|---|---|---|---|---|
| 5 B<br>硼<br>boron<br>10.81<br>[10.806, 10.821] | 6 C<br>碳<br>carbon<br>12.011<br>[12.009, 12.012] | 7 N<br>氮<br>nitrogen<br>14.007<br>[14.006, 14.008] | 8 O<br>氧<br>oxygen<br>15.999<br>[15.999, 16.000] | 9 F<br>氟<br>fluorine<br>18.998 | 10 Ne<br>氖<br>neon<br>20.180 |
| 13 Al<br>铝<br>aluminium<br>26.982 | 14 Si<br>硅<br>silicon<br>28.085<br>[28.084, 28.086] | 15 P<br>磷<br>phosphorus<br>30.974 | 16 S<br>硫<br>sulfur<br>32.06<br>[32.059, 32.076] | 17 Cl<br>氯<br>chlorine<br>35.45<br>[35.446, 35.457] | 18 Ar<br>氩<br>argon<br>39.95<br>[39.792, 39.963] |

| 10 | 11 | 12 | | | | | | |
|---|---|---|---|---|---|---|---|---|
| 28 Ni<br>镍<br>nickel<br>58.693 | 29 Cu<br>铜<br>copper<br>63.546(3) | 30 Zn<br>锌<br>zinc<br>65.38(2) | 31 Ga<br>镓<br>gallium<br>69.723 | 32 Ge<br>锗<br>germanium<br>72.630(8) | 33 As<br>砷<br>arsenic<br>74.922 | 34 Se<br>硒<br>selenium<br>78.971(8) | 35 Br<br>溴<br>bromine<br>79.904<br>[79.901, 79.907] | 36 Kr<br>氪<br>krypton<br>83.798(2) |
| 46 Pd<br>钯<br>palladium<br>106.42 | 47 Ag<br>银<br>silver<br>107.87 | 48 Cd<br>镉<br>cadmium<br>112.41 | 49 In<br>铟<br>indium<br>114.82 | 50 Sn<br>锡<br>tin<br>118.71 | 51 Sb<br>锑<br>antimony<br>121.76 | 52 Te<br>碲<br>tellurium<br>127.60(3) | 53 I<br>碘<br>iodine<br>126.90 | 54 Xe<br>氙<br>xenon<br>131.29 |
| 78 Pt<br>铂<br>platinum<br>195.08 | 79 Au<br>金<br>gold<br>196.97 | 80 Hg<br>汞<br>mercury<br>200.59 | 81 Tl<br>铊<br>thallium<br>204.38<br>[204.38, 204.39] | 82 Pb<br>铅<br>lead<br>207.2 | 83 Bi<br>铋<br>bismuth<br>208.98 | 84 Po<br>钋<br>polonium | 85 At<br>砹<br>astatine | 86 Rn<br>氡<br>radon |
| 110 Ds<br>鿏<br>darmstadtium | 111 Rg<br>铼<br>roentgenium | 112 Cn<br>鎶<br>copernicium | 113 Nh<br>鉨<br>nihonium | 114 Fl<br>铁<br>flerovium | 115 Mc<br>镆<br>moscovium | 116 Lv<br>鉝<br>livermorium | 117 Ts<br>鿬<br>tennessine | 118 Og<br>鿫<br>oganesson |

| 63 Eu<br>铕<br>europium<br>151.96 | 64 Gd<br>钆<br>gadolinium<br>157.25(3) | 65 Tb<br>铽<br>terbium<br>158.93 | 66 Dy<br>镝<br>dysprosium<br>162.50 | 67 Ho<br>钬<br>holmium<br>164.93 | 68 Er<br>铒<br>erbium<br>167.26 | 69 Tm<br>铥<br>thulium<br>168.93 | 70 Yb<br>镱<br>ytterbium<br>173.05 | 71 Lu<br>镥<br>lutetium<br>174.97 |
|---|---|---|---|---|---|---|---|---|
| 95 Am<br>镅<br>americium | 96 Cm<br>锔<br>curium | 97 Bk<br>锫<br>berkelium | 98 Cf<br>锎<br>californium | 99 Es<br>锿<br>einsteinium | 100 Fm<br>镄<br>fermium | 101 Md<br>钔<br>mendelevium | 102 No<br>锘<br>nobelium | 103 Lr<br>铹<br>lawrencium |

## 附录5 英国市面上出售的熔块、黏土和长石分析数据

熔块，分子式分析［巴斯（Bath）陶艺用品公司，由迈克尔·贝利（Michael Bailey）整理］

|  | $K_2O$ | $Na_2O$ | $Li_2O$ | BaO | CaO | MgO | ZnO | $Al_2O_3$ | $B_2O_3$ | $SiO_2$ | 分子量 |
|---|---|---|---|---|---|---|---|---|---|---|---|
| 硼酸钙熔块 | 0.01 |  |  |  | 0.99 | 0.01 |  | 0.1 | 1.5 | 0.62 | 209 |
| 标准硼熔块 | 0.04 | 0.35 |  |  | 0.61 | 0.01 |  | 0.18 | 0.62 | 1.98 | 240 |
| 高碱熔块 | 0.21 | 0.59 | 0.01 | 0.09 | 0.1 |  |  | 0.1 | 0.1 | 1.71 | 196 |
| 低膨胀熔块 | 0.03 | 0.2 |  |  | 0.76 | 0.01 |  | 0.55 | 1.02 | 3.39 | 390 |

黏土和长石，组成百分比

|  | $SiO_2$ | $TiO_2$ | $Al_2O_3$ | $Fe_2O_3$ | $P_2O_5$ | CaO | MgO | $K_2O$ | $Na_2O$ | 强热失量 |
|---|---|---|---|---|---|---|---|---|---|---|
| 瓷土 | 48.8 | 0.1 | 35.4 | 0.8 |  |  |  | 1.6 | 1.5 | 11.8 |
| AT 球土 | 54 | 1.1 | 29 | 2.4 |  | 0.3 | 0.4 | 3 | 0.5 | 9.3 |
| HP71 球土 | 70 | 1.6 | 19 | 0.8 |  | 0.2 | 0.4 | 2 | 0.5 | 5.5 |
| HVAR 球土 | 60.3 | 1.5 | 26.7 | 0.9 |  | 0.2 | 0.3 | 2.6 | 0.4 | 7.1 |
| 康沃尔石 | 73.2 | 0.06 | 15.3 | 0.13 | 0.47 | 1.47 | 0.13 | 4.45 | 3.44 | 1.35 |
| 霞石正长石 | 60.5 |  | 23 | 0.1 |  | 1 |  | 5 | 10.2 | 0.2 |
| 钾长石 | 65.8 |  | 18.5 | 0.1 |  | 0.38 |  | 12 | 2.89 | 0.33 |
| 钠长石 | 67.9 |  | 19 | 0.11 |  | 1.88 |  | 2.8 | 7.5 | 0.81 |
| FFF 长石 | 67.7 |  | 18.9 | 0.16 |  | 0.72 |  | 7.62 | 4.85 | 0.05 |

## 附录6　美国市面上出售的熔块、黏土和长石分析数据

|  | $K_2O$ | $Na_2O$ | $Li_2O$ | BaO | CaO | MgO | ZnO | $Al_2O_3$ | $B_2O_3$ | $SiO_2$ | 分子量 |
|---|---|---|---|---|---|---|---|---|---|---|---|
| 费罗牌（Ferro）3110号熔块 | 0.060 | 0.650 |  |  | 0.290 |  |  | 0.095 | 0.097 | 3.029 | 260 |
| 费罗牌（Ferro）3124号熔块 | 0.021 | 0.282 |  |  | 0.698 |  |  | 0.269 | 0.519 | 2.554 | 275 |
| 费罗牌（Ferro）3134号熔块 |  | 0.317 |  |  | 0.683 |  |  |  | 0.633 | 1.890 | 191 |
| 费罗牌（Ferro）3195号熔块 |  | 0.336 |  |  | 0.654 | 0.01 |  | 0.392 | 1.136 | 2.656 | 337 |
| 费罗牌（Ferro）3249号熔块 |  |  |  |  | 0.171 | 0.829 |  | 0.357 | 1.137 | 1.919 | 274 |

黏土和长石，组成百分比

|  | $SiO_2$ | $TiO_2$ | $Al_2O_3$ | $Fe_2O_3$ | $P_2O_5$ | CaO | MgO | $K_2O$ | $Na_2O$ | 强热失量 |
|---|---|---|---|---|---|---|---|---|---|---|
| 高岭土 | 45.91 | 0.34 | 38.71 | 0.42 |  | 0.09 | 0.12 | 0.22 | 0.04 | 14.15 |
| 佐治亚高岭土泰尔牌（Tile）6号高岭土 | 45.20 | 1.95 | 38.02 | 0.49 |  | 0.26 | 0.30 | 0.04 | 0.02 | 13.72 |
| OM-4球土 | 55.20 | 1.20 | 29.70 | 1.10 |  | 0.30 | 0.40 | 1.00 | 0.30 | 12.60 |
| 田纳西5号球土 | 53.30 | 1.40 | 31.10 | 1.00 |  | 0.30 | 0.20 | 1.50 | 0.80 | 10.40 |
| 卡斯特牌（Custer）长石 | 68.50 |  | 17.50 | 0.08 |  | 0.30 | 0.01 | 10.40 | 3.00 | 0.21 |
| G-200长石 | 65.76 |  | 19.28 | 0.06 |  | 0.98 | 0.01 | 10.36 | 3.20 | 0.35 |
| 科纳牌（Kona）F-4号长石 | 66.77 |  | 19.59 | 0.04 |  | 1.70 | 0.01 | 4.50 | 7.00 | 0.39 |
| NC-4长石 | 68.81 |  | 18.74 | 0.07 |  | 1.60 | 0.01 | 3.76 | 6.89 | 0.12 |
| 明斯帕牌（Minspar）200号长石 | 68.80 |  | 18.20 | 0.07 |  | 1.50 |  | 4.10 | 6.50 | 0.30 |
| 马哈维尔牌（Mahavir）长石 | 67.00 |  | 17.50 | 0.08 |  | 0.15 | 0.15 | 11.5 | 3.00 | 0.50 |

# 健康和安全

- 经常打扫卫生,避免黏土或者釉料沉积在工作台、工作服或者地面等,以上述方式减少工作室内的粉尘污染,这一点至关重要。
- 接触干粉状陶瓷原料,特别是含有二氧化硅的原料(包括石英、燧石、滑石、硅灰石、长石、黏土和熔块)时,务必佩戴防尘面罩。
- 液态原料溢出时应即刻处理,用湿海绵或者拖把清洁被污染的工作台和地面。
- 定期清洗毛巾、围裙和其他相关物品。
- 不要在工作室内喝水或者吃东西。
- 不要把废弃的釉液冲进排水管,正确的方法是将其晾干成块后做垃圾填埋处理。更好的方法是,将所有废釉倒进桶中混合在一起,作为一种新釉料使用。
- 确保窑房通风良好,避免吸入烧窑时产生的烟雾。